宽城县水资源开发利用与地下水保护研究

张东来　赵明钰　王永党　著

U0268675

黄河水利出版社

·郑州·

内 容 提 要

本书对宽城县水资源开发利用和地下水保护进行了系统性分析和研究,内容包括宽城县水资源演变规律、水资源开发利用情况、社会经济发展预测、需水预测、可供水量预测和水资源供需分析、地下水保护研究、地下水资源管理和保障、水资源保护监测、保护实施意见与效果分析、保护规划实施保障措施等。本书的资料和数据来源于承德市水资源调查评价报告、河北省承德水文水资源勘测局监测资料、科研成果、科技论文等。

本书可为冀北山区县市水资源开发利用与地下水保护提供一定的技术支撑。

图书在版编目(CIP)数据

宽城县水资源开发利用与地下水保护研究/张东来,赵明钰,王永党著 . —郑州:黄河水利出版社,2020.5
ISBN 978-7-5509-2653-0

Ⅰ.①宽…　Ⅱ.①张…　②赵…　③王…　Ⅲ.①水资源开发-研究-宽城满族自治县　②水资源利用-研究-宽城满族自治县③地下水资源-资源保护-研究-宽城满族自治县　Ⅳ.①TV213②P641.8

中国版本图书馆 CIP 数据核字(2020)第 075826 号

组稿编辑:贾会珍　电话:0371-66028027　E-mail:110885539@ qq.com

出　版　社:黄河水利出版社
　　　　地址:河南省郑州市顺河路黄委会综合楼 14 层
发行单位:黄河水利出版社
　　　　发行部电话:0371-66026940、66020550、66028024、66022620(传真)
　　　　E-mail:hhslcbs@ 126. com
承印单位:河南新华印刷集团有限公司
开本:787 mm×1 092 mm　1/16
印张:9
字数:210 千字
版次:2020 年 5 月第 1 版

网址:www.yrcp.com
邮政编码:450003

印数:1—1 000
印次:2020 年 5 月第 1 次印刷

定价:48.00 元

前　言

　　水是生命之源、生产之要、生态之基。水资源是保障社会经济持续发展不可替代的重要资源。

　　宽城县是承德市面积最小的县,经济是典型的资源依赖型县域经济,工业产品主要以矿山采选和钢铁压延为主,盛丰、兆丰等大型矿业集团构筑了宽城经济的巨大体量。近年来,随着社会经济的迅速发展,特别是20世纪90年代末以来持续性干旱,滦河流域遭遇了空前的水源危机,生态环境严重失衡,县域内很多河流步入了由常年有水河流向季节性河流转变的危险境地,水资源逐步减少的趋势也非常明显。这些充分暴露了在水资源保护、开发利用及配置、管理等方面存在的各种问题,也充分说明了开展宽城县水资源承载能力与地下水开发利用保护研究的重要性。

　　开展宽城县水资源承载能力与地下水开发利用保护研究的目的是搞好宽城县水资源管理、保护和开发利用工作的基础,是全面建设节水型社会,科学、合理开发利用地下水资源,推动产业转型升级,构建有特色的现代产业体系的基础,也是水资源统一规划、优化配置的前瞻性工作之一,同时对促进流域生态环境良性循环和水资源的可持续利用,推动京津唐地区和京津冀都市圈的可持续发展具有非常重要的战略意义。

　　本书采用的技术路线、调查评价方法、技术标准主要以国家颁布的相关法律、法规,技术规范及标准,河北省的有关文件及研究报告为依据,以收集现有的气象、降水、蒸发、径流、泥沙、水质、生态和环境等方面的基本资料为基础,调查收集了宽城县国民经济和社会发展统计公报、水利工程现状、经济社会各部门需水量等基本数据,整理统计水文站实测的径流资料,研究成果涵盖了水资源数量及变化趋势、水资源质量、水污染现状、水资源配置、水资源管理与保障、需水预测、水资源承载力等相关内容。

　　本书分析了宽城县地表水和地下水水质演变规律,提出了水资源保护对策,在进一步查清全县地下水资源及其开发利用现状的基础上,以需水总量、节水、水污染防治为控制目标,分析了经济社会发展对地下水资源的需求,根据需求对全县地下水资源进行了合理开发、优化配置、高效利用,为全县未来产业布局、工业发展规模和布局提供了以水定发展的决策依据。基于水资源供需分析,对宽城县水资源承载能力和可持续利用进行评价和研究,提出了水资源可持续利用的对策与措施。

　　本书编写过程中参考与借鉴了一些专家及学者的研究成果和资料,同时得到了宽城县水务局、宽城县统计局及河北省承德水文水资源勘测局等单位的大力协助和支持,在此一并表示感谢。同时,特别感谢河北省承德水文水资源勘测局魏庆杰高级工程师的悉心指导。

　　由于编写时间仓促,水平有限,书中不足之处在所难免,恳请各位专家和广大读者提出宝贵的意见,以便改进。

作　者

2020年3月

前　言

目　录

第 1 章　基本情况

宽城满族自治县（简称宽城县）为河北省承德市下辖自治县。宽城，因"元设宽河驿、明筑宽河城"而得名，1963 年建县，1989 年成立宽城满族自治县，位于河北省东北部，承德市东南部，地处燕山山脉东段，长城北侧的滦河流域。地理位置在东经 118°10′~119°10′，北纬 40°17′~40°45′之间，东与辽宁省接壤，西与兴隆县相邻，北与平泉市和承德县相连，南面隔长城与秦皇岛市和唐山市相邻。长城沿线上的铁门关是联系关内外的交通要道。全县面积 1 952 km²，人口 25.85 万人，是承德市面积最小、人口最少的县。全县辖 13 个乡 5 个镇 206 个行政村 1 382 个自然村。县政府驻地宽城镇。宽城县地理位置详见图 1-1。

1.1　自然地理

宽城县地处燕山山脉东段，是个群山密集、沟谷狭窄、山坡陡峭的石质山区。东北偏高，西南偏低。平均海拔 300~500 m，宽城县与青龙县交界处的都山主峰，海拔 1 846.3 m，为燕山山脉东段最高峰。潘家口水库海拔 165 m。县内海拔 1 000 m 以上的有都山、鸭嘴山、鸡冠山、平顶山、广东山、东广东山等六大山峰。境内的滦河、瀑河、长河、青龙河等均属于滦河水系，总长约 190 余 m。瀑河源于平泉县境内，入境后汇入滦河，境内长 60 余 m，流域总面积 1 989.5 km²，境内面积 645.6 km²。

1.2　水文气象

宽城县属暖温带半干旱半湿润大陆性季风型燕山山地气候，其特点是四季分明、雨热同期，夏季炎热多雨，春季寒暖适中，秋季天高气爽，冬季寒冷少雪。年平均气温 8.6 ℃，无霜期 150~175 d，光照充足，昼夜温差大。孟子岭以南温度高，都山脚下的亮甲台温度低，除亮甲台及其北部地区的一部分属中温带外，全县大部分地区属于暖温带，无霜期平均为 160 d。夏季常常有大风、冰雹等自然灾害天气。

宽城县处于河北省多雨中心的北部边缘，受燕山山地迎风坡的地形影响，故形成较多的地形雨，降水量为 580~750 mm，属承德市多雨区。降水分布由南向北递减，而后向东递减。独石沟—字罗台—峪耳崖—大地一线以南到长城一带年降水量为 700~750 mm，是本县降水最多的地区。

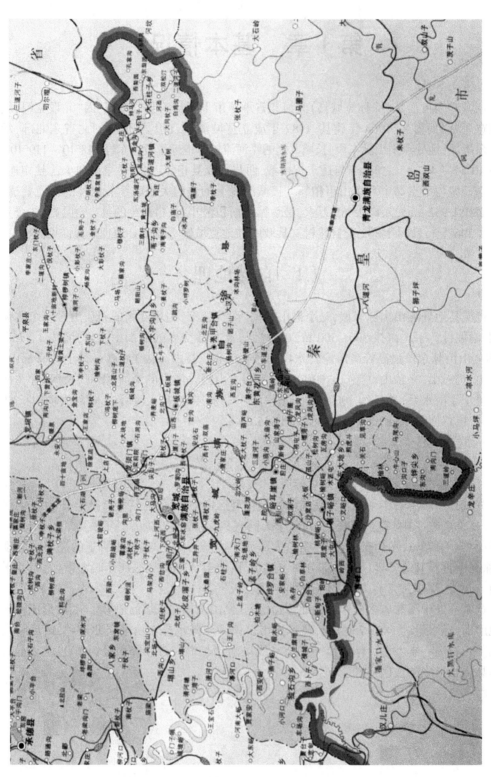

图1-1 宽城县地理位置

1.3　区域水文地质

1.3.1　区域水文地质研究程度

（1）1986 年河北省地质四队提交了《承德市地下水动态观测报告》（1981~1985）。

（2）1991 年河北省地质四队提交了《承德市地质环境监测报告》（1986~1990）。

（3）1992 年河北省地质四队完成了 1:5 万《区域地质调查报告》。

（4）1995 年地矿部河北地勘局第三水文地质工程地质大队完成了 1:20 万《中华人民共和国区域水文地质普查报告（冀北地区）》。

1.3.2　水文地质

宽城县按区域水文地质分区属高山水文地质亚区。按含水特性可分为基岩裂隙含水岩组和松散岩类孔隙含水岩组两种类型。

（1）基岩裂隙含水岩组，基岩裂隙水分布在地形陡峭的分水岭部位，地形坡度大，风化壳厚度薄，降水很快以地表径流流失，入渗量小，地下水较贫乏，而山坡坡角或地势低洼部位以及河（沟）谷部位，风化壳相对厚一些，易于大气降水的入渗补给，地下水较丰富，断裂（层）影响带或岩体与围岩接触部位是裂隙水的主要富集地带。富水性因岩性和裂隙发育程度不同，差异性较大。

（2）松散岩类孔隙含水岩组，主要分布于山区河（沟）谷地带、山间盆（洼）地。较大河谷的中下游地带，河谷较为宽阔，局部形成河谷盆地，含水层较厚，为孔隙水的富水地段，是城镇厂矿的主要供水水源。而主河谷的上游支河（沟）谷部位，水力坡度较大，含水层较薄，富水程度明显变差。山间盆（洼）地因规模很小，第四系松散堆积物颗粒较细，厚度较薄，富水性中等。该含水岩组是本区域具有开采价值的主要含水岩组。

大气降水入渗补给是本区最基本的地下水补给来源，其次为境外地下水的侧向补给，本区地下水总的径流方向由北向南顺势径流，但由于地形条件的差异，山区地下水的流向又要具有局部多向性。地下水的主要排泄方式是径流排泄和人工开采。

本区地下水大部分为潜水，地下水流径途短，水交替作用强烈，容滤时间短，除个别地段外，绝大部分地下水为低矿化淡水，矿化度一般小于 0.5 g/L。地下水化学类型主要为 HCO_3—$Ca\cdot Mg$、HCO_3—$Mg\cdot Ca$ 型水。

1.4　河流与水系

宽城县境内有滦河干流、瀑河、青龙河、长河、清河、孟子河、牛心河等河流，均属于滦河流域。

滦河，发源于丰宁县西北大滩界牌梁，流经张家口市沽源县、内蒙古多伦县、承德市隆化县、滦平县、承德市区、承德县、宽城县后汇入潘家口水库，在唐山市乐亭县注入渤海。河长 877 km，流域面积 44 750 km²，宽城县境内面积 63.9 km²。

瀑河,滦河一级支流,发源于平泉县安杖子五呼马梁,入本县境内后于宽城县瀑河口汇入滦河,河长 110.75 km,平均坡度 7.87‰,流域面积 1 989.5 km²,境内面积 645.6 km²。

青龙河属于滦河一级支流,发源于平泉县松树台乡冯家店村,流经河北、辽宁两省,在河北流经承德、秦皇岛、唐山三市,在卢龙县汇入滦河,全长 246 km,流域面积 6 267 km²,境内面积 524.2 km²。

长河,滦河一级支流,发源于宽城县亮甲台乡大汉沟村,由宽城县碾子峪乡艾峪口村三道关出境,河长 128 km,流域面积 674.7 km²,境内面积为 391.1 km²。

清河,发源于宽城县塌山乡椴树洼村,由宽城县塌山乡清河口村汇入滦河,河长 20 km,流域面积 69.2 km²。

孟子河,发源于宽城县孟子岭乡圪垯地村,由宽城县孟子岭乡菜子峪村汇入滦河,河长 26 km,流域面积 187.6 km²。

牛心河,又名清河,宽城县境内称牛心河,发源于宽城县铧尖乡马尾沟村,流经承德、唐山、秦皇岛三市,于迁安市大崔庄镇侯庄户汇入滦河,全长 43.0 km,流域总面积 325.0 km²,宽城县境内面积 70.4 km²。

宽城县主要河流情况统计见表 1-1。

表 1-1　宽城县主要河流情况统计

河流名称	河流等级	流域面积（km²）	境内面积（km²）	起点	终点
瀑河	一级支流	1 989.5	645.6	平泉县安杖子五呼马梁	滦河
青龙河	一级支流	6 267	524.2	平泉县冯家店	滦河
长河	一级支流	674.7	391.1	宽城县亮甲台乡大汉沟村	滦河
滦河干流	滦河干流	44 750	63.9	丰宁县西北大滩界牌梁	渤海
清河	一级支流	69.2	69.2	宽城县塌山乡椴树洼村	滦河
孟子河	一级支流	187.6	187.6	宽城县孟子岭乡圪垯地村	滦河
牛心河	一级支流	325.0	70.4	宽城县铧尖乡马尾沟村	滦河

注:流域面积指河流总集水面积,境内面积指在本县境内流域面积。

1.5　社会经济

1.5.1　人口

1.5.1.1　现状人口

宽城县总面积 1 952.0 km²,辖 1 个开发区 10 镇 8 乡和 1 个街道办事处,县政府驻地宽城镇是承德市面积最小、人口最少的县。人口 25.85 万人,其中农村人口 20.49 万人、城镇人口 5.36 万人,城镇化率为 20.7%。共有 14 个民族,其中满族人口占 64.5%,是河北省典型的民族大县、移民大县,经济总量和综合实力居承德市首位、河北省二十强。

瀑河是宽城县经济文化中心,人口最多,为 11.90 万人,占全县总人口的 46.0%,较少的为滦河干流、清河、牛心河,总人口分别为 0.16 万人、0.62 万人、0.77 万人,占全县总人口的 0.6%、2.4% 和 3.0%,其他分区总人口为 1.61 万~6.45 万人,详见表 1-2、图 1-2。

表 1-2   宽城县现状人口情况统计(2015 年)

分区	面积 (km²)	总人口 (万人)	城镇人口 (万人)	农村人口 (万人)	人口密度 (人/km²)	城镇化率 (%)
瀑河	645.6	11.90	3.86	8.04	184	32.4
青龙河	524.2	4.34	0.27	4.07	83	6.2
长河	391.1	6.45	0.89	5.56	165	13.8
滦河干流	63.9	0.16	0.01	0.15	25	4.4
清河	69.2	0.62	0.03	0.59	90	4.8
孟子河	187.6	1.61	0.27	1.34	86	16.8
牛心河	70.4	0.77	0.03	0.74	109	3.9
合计	1 952.0	25.85	5.36	20.49	132	20.7

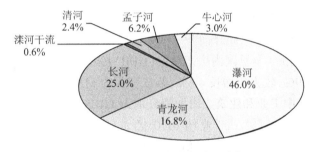

图 1-2   宽城县现状人口地区分布

1.5.1.2   现状人口变化情况

宽城县总人口由 2001 年的 21.176 8 万人增加到 2015 年的 25.85 万人,年均增长 1.47%;其中城镇人口由 3.396 7 万人增加到 5.357 0 万人,年均增长 3.85%,城镇化率也由原来的 16.0% 增加到 20.72%;农村人口则由 17.777 1 万人增加到 20.493 万人,年均增加 1.02%,增加的幅度小于城镇人口的。宽城县 2001~2015 年人口及城镇化率变化趋势详见图 1-3 和图 1-4。

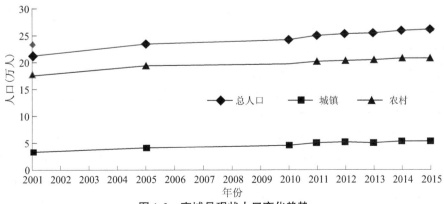

图 1-3   宽城县现状人口变化趋势

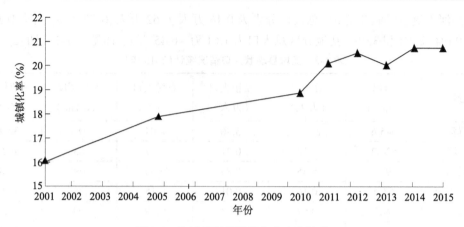

图 1-4　宽城县现状城镇化率变化趋势

1.5.2　现状经济发展状况

1.5.2.1　现状(2015 年)经济情况

据 2015 年底调查统计,全县总面积 1 952.0 km²,其中耕地面积 26.38 万亩(1 亩 = 1/15 hm²,下同)。2015 年全县国内生产总值(GDP)197.2 亿元,其中第一产业约 17.7 亿元,占生产总值的 8.9%,较去年增长 4.6%;第二产业约 118.5 亿元,占生产总值的 60.1%,较去年增长 5.8%,其中工业和建筑业增加值分别为 110.569 9 亿元、7.922 8 亿元,分别占第二产业的 56.1%、4.0%;第三产业约 61.0 亿元(其中商饮和服务业增加值分别为 12.056 6亿元、48.977 7 亿元)占生产总值的 31.0%,较去年增长 6.9%;人均国内生产总值(GDP)77 444 元。2015 年全县农、林、牧、渔业产值 30.6 亿元,粮食总产量 48 442 t,较去年增加 8.5%。2015 年工业总产值 476 亿元,同比负增长率为 7.5%,规模以上工业总产值 421 亿元,同比负增长率为 8.6%。工业增加值 110.3 亿元,同比增长 5.0%;规模以上工业增加值 94.2 亿元,同比增长 5.6%。

宽城县钒钛磁铁矿资源储量丰富,资源优势明显。2015 年全县主要工业产业产量为:铁精粉 2 571 万 t,同比增长 10.8%;生铁 295.4 万 t,带钢 269 万 t,水泥 43.3 万 t,黄金 2 324.28 kg。

截至 2015 年,全县共有各类学校 33 所,其中普通中学 6 所、小学 27 所。各类学校在校生 3.4 万人、专任教师 2 840 人。

宽城县物华天宝,资源丰饶。山场广阔,全县森林覆盖率达到 66.5%,位居河北省第四、承德市第二。物产丰富,素有"中国板栗之乡"之称。

宽城县矿产资源丰富,主要有金、铁、煤、高岭土等各类矿产 35 种,已探明储量的矿种 16 种,开发利用矿产 15 种,探明黄金储量 30 t,有"塞外金都"之称。铁矿储量 28 亿 t,其中钒钛矿储量 26.39 亿 t,占全市总储量的 35%以上,平均品位 18%;优质石灰岩(水泥、制灰、熔剂灰岩)10 亿 t,CaO 含量 48%~51%;白云岩 3 亿 t;煤 257 万 t;陶粒页岩 3 亿多 m³(7.2 亿 t);萤石 7.5 万 t;长石 54.5 万 t;透辉石 89.7 万 t;沸石 150 万 t;玻璃用石英 10.5 万 t;高岭土 102.8 万 t。依托资源优势,宽城县现有各类矿山企业 130 家,其中金矿企业 21

家、铁矿企业 46 家、煤矿企业 3 家、非金属建材企业 58 家。

宽城县山川秀美,历史悠久。有清代"口外八景"中的都山积雪、万塔黄崖、独木仙桥、鱼鳞叠锦四大景观,塞外蟠龙湖是国家 AAA 级景区,都山是省级自然保护区,千鹤谷是省级鸟类自然保护区,万塔黄崖寺是辽金时期汉传佛教圣地,《大刀进行曲》源于喜峰口长城抗战,王厂沟曾为冀东、热南抗战指挥中心。

宽城县转型加速,势头强劲。转型平台基础坚实,宽城经济开发区是省级产业聚集区,长河矿业经济区被省政府确定为首批中小企业示范产业集群,农业循环经济示范区、生态休闲旅游区和中小企业创业园建设全面推进。产业体系根深叶茂,矿山采选、钒钛制品、新型材料等产业竞相发展,板栗和水产品深加工、设施菌菜等现代农业健康发展,红色教育、山水风光、生态休闲等融于一体的文化旅游产业蓬勃发展。

宽城县现状 GDP 情况统计详见表 1-3。宽城县现状产业结构构成见图 1-5。

表 1-3 宽城县现状 GDP 情况统计(2015 年) （单位:万元)

分区	GDP	第一产业增加值	第二产业增加值			第三产业增加值		
			工业	建筑业	小计	商饮业	服务业	小计
瀑河	1 233 752	65 757	854 298	38 094	892 392	54 442	221 161	275 603
青龙河	197 171	35 059	47 694	11 859	59 553	20 259	82 299	102 558
长河	340 519	45 658	135 188	18 042	153 230	27 978	113 654	141 632
滦河干流	5 158	1 620	1 423	233	1 656	372	1 509	1 881
清河	21 409	6 249	6 100	1 000	7 100	1 592	6 469	8 061
孟子河	150 636	14 192	54 897	8 999	63 896	14 331	58 217	72 548
牛心河	22 998	7 837	6 100	1 000	7 100	1 592	6 469	8 061
合计	1 971 643	176 372	1 105 700	79 227	1 184 927	120 566	489 778	610 344

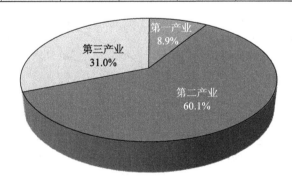

图 1-5 宽城县现状产业结构构成

从 GDP 的比重来看,发达国家服务业比重总是随着经济水平的提高而不断的提高,目前世界各国大都走过了产业结构从"一、二、三"到"二、一、三",再到"二、三、一",最终到达"三、二、一"的过程。从宽城县现状三次产业增加值结构可见,宽城县的产业结构处于"二、三、一"阶段。

从各分区来看,宽城县经济发展主要集中在瀑河,GDP 全县最高,为 123.375 2 亿元,占全县生产总值的 62.6%;其次为长河和青龙河,GDP 分别为 34.051 9 亿元、19.717 1 亿元,占全县 GDP 总量的 17.3%、10.0%,滦河干流、清河和牛心河在宽城县面积较小,经济不发达,GDP 均小于 3 亿元,所占比重也非常小,为 0.3%~1.2%,详见图 1-6。

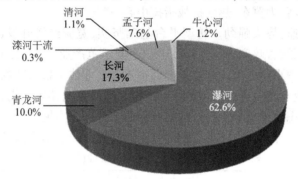

图 1-6　宽城县现状 GDP 地区分布

1.5.2.2　经济发展情况

宽城县国内生产总值(GDP)由 2001 年的 18.632 2 亿元增加到 2015 年的 197.164 3 亿元,年均增长率为 63.9%;从国内生产总值的各项构成来看,第二产业增加幅度较大,增加值由 6.521 7 亿元增加到 118.492 7 亿元,年均增加 114.5%;其次是第三产业,增加值由 7.145 6 亿元增加到 61.034 3 亿元,年均增长 50.3%;最后是第一产业,增加值由 4.965 3 亿元增加到 17.637 3 亿元,年均增加 17.0%。宽城县近 15 年来社会经济发展情况变化趋势详见图 1-7。

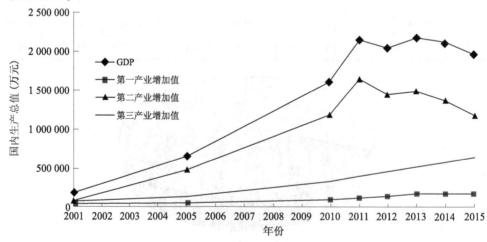

图 1-7　宽城县社会经济发展情况变化趋势

1.5.3　耕地面积、灌溉面积

1.5.3.1　现状耕地面积

宽城县拥有丰富的地理资源,为特色农业的发展奠定了基础。从气候环境来看,宽城县属于大陆性、季风型燕山山地气候,冬寒夏热,昼夜温差大,有利于种植马铃薯、玉米等农作物;作物生长期间(4~9月)平均日照时数 8.2 h,很好地满足了单季作物对光照的要求。从地形地貌条件来看,宽城县西北高东南低,海拔落差范围大,有利于错季农作物生产。从土壤条件来看,2015 年全县耕地面积 19.4 万亩,人均耕地面积 0.75亩,且土地类型丰富,土壤酸碱度适中,矿质潜在养分含量高,非常适合特定农产品生长的需要,详见表 1-4。

表 1-4　宽城县耕地面积情况统计

分区	面积 (km²)	面积比例 (%)	耕地面积 (万亩)	人均耕地面积 (亩)
瀑河	645.6	33.07	7.71	0.65
青龙河	524.2	26.86	6.50	1.50
长河	391.1	20.03	3.86	0.60
滦河干流	63.9	3.27	0.05	0.31
清河	69.2	3.55	0.36	0.58
孟子河	187.6	9.61	0.57	0.35
牛心河	70.4	3.61	0.35	0.45
合计	1 952	100.00	19.40	0.75

从各分区来看,宽城县耕地面积主要集体在瀑河、青龙河和长河,分别为 7.71 万亩、6.50 万亩和 3.86 万亩,占全县总数的 39.7%、33.5% 和 19.9%,其他河流耕地面积较小,均在 0.60 万亩以下,尤其是滦河干流,仅为 500 亩。青龙河由于人烟稀少,人均耕地面积最大,为 1.50 亩/人,其他河流人均耕地面积在 0.31~0.65 亩。

1.5.3.2　耕地面积变化情况

自 2001 年以来,宽城县耕地面积变化相对不大。由 2001 年的 20.29 万亩逐渐减少到 2015 年的 19.4 万亩,年均减少 0.29%。人均耕地面积也由 2001 年的 0.96 亩逐渐减少到 2015 年的 0.75 亩,详见图 1-8 和图 1-9。

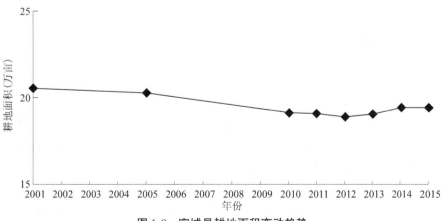

图 1-8　宽城县耕地面积变动趋势

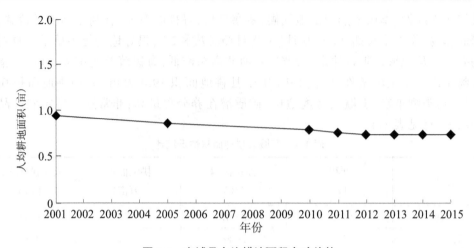

图 1-9　宽城县人均耕地面积变动趋势

1.5.3.3　灌溉面积

宽城县现状灌溉面积为 13.85 万亩,主要为种植业和林果灌溉,详见表 1-5。

表 1-5　宽城县有效灌溉面积情况统计(2015 年)　　　　　(单位:万亩)

分区	灌溉面积	种植业				林果
		水田	水浇地	菜田	小计	
瀑河	4.18	0.05	0.90	1.25	2.20	1.98
青龙河	3.31	0.06	0.74	0.75	1.55	1.77
长河	3.45	0	0.88	0.77	1.65	1.80
滦河干流	0.05	0	0.02	0.03	0.05	0
清河	0.80	0	0.10	0.26	0.36	0.44
孟子河	1.38	0	0.18	0.39	0.57	0.81
牛心河	0.68	0	0.18	0.17	0.35	0.33
合计	13.85	0.11	3.00	3.62	6.73	7.13

1.种植业灌溉面积

1)现状种植业灌溉面积

宽城县现状种植业灌溉面积为 6.72 万亩,其中水田、水浇地、菜田灌溉面积分别为 0.11万亩、3.00 万亩和 3.62 万亩,详见表 1-5。

从分区来看,宽城县种植业灌溉面积主要集中在瀑河、青龙河和长河,分别为 2.20 万亩、1.55 万亩和 1.65 万亩,占全县总数的 32.7%、23.0%和 24.6%;其他河流面积较小,占全县面积的不到 10%,特别是滦河干流,仅为 0.05 万亩,占 0.74%。

2)种植业灌溉面积变化情况

自 2001 年以来,宽城县种植业灌溉面积由 3.023 3 万亩逐渐增加到 2015 年的 6.72 万亩。其中,水田呈逐年减少的趋势,由 2001 年的 0.525 7 万亩减少到 2015 年的 0.1 万亩,年均减少 5.40%;水浇地和菜田灌溉面积均有不同程度的增加,其中水浇地由 2001 年的 1.693 3 万亩增加到 2015 年的 3.00 万亩,年均增加 5.14%;而菜田灌溉面积由 2001 年的 0.804 3 万亩增加到 2015 年的 3.62 万亩,年均增加 23.3%,增加的幅度较大,详见图 1-10。

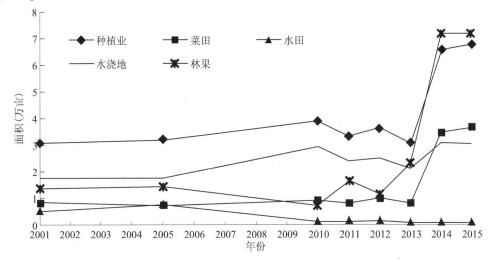

图 1-10　宽城县灌溉面积变化趋势

2.林果灌溉面积

1)现状林果灌溉面积

宽城县现状林果灌溉面积为 7.13 万亩,详见表 1-5。

从各分区来看,宽城县林果灌溉面积也主要集中在瀑河、青龙河和长河,分别为 1.98 万亩、1.77 万亩和 1.80 万亩,占全县总数的 27.9%、24.8% 和 25.2%;其他河流面积较小,均不到 1 万亩,特别是滦河干流,现状无林果灌溉。

2)林果灌溉面积变化情况

自 2001 年以来,宽城县林果灌溉面积增加的趋势。由 2001 年的 1.693 3 万亩逐渐增加到 2015 年的 7.125 万亩,年均增加 29.5%,详见图 1-10。

从图 1-10 中可以看出,宽城县菜田和林果灌溉面积在 2001～2013 年变化相对稳定,2013～2014 年增加的幅度较大,分别从 2013 年的 0.81 万亩、2.26 万亩增加到 2014 年的 3.41 万亩、7.125 万亩,分别增加了 321%、215%。

第 2 章　研究的背景和依据

2.1　研究背景

地下水是我国特别是北方地区及许多城市的重要供水水源,也是维系生态环境的要素之一。地下水在国民经济建设和社会发展中发挥着重要作用。地下水开发利用和保护规划是对地下水资源进行合理配置,内容涵盖了地下水资源的开发、利用、治理、配置、节约、保护和管理等各个方面,涉及经济、社会与生态环境等领域。是建立水权制度和水资源配置工程体系的基础,是贯彻落实《中华人民共和国水法》、国家新时期治水方针,实现水资源可持续利用,支持经济社会可持续发展及治水新思路的体现。

依据《中华人民共和国水法》,为了贯彻《国务院关于实行最严格水资源管理制度的意见》(国发〔2012〕3 号)以及中央水利工作会议的精神,落实国务院批复的《全国水资源综合规划(2016~2030 年)》,构建水资源保护与河湖健康保障体系,加强水资源保护工作的顶层设计,保护水资源和水生态,以支撑经济社会的可持续发展,组织开展地下水开发利用与保护研究是必要的。

本书所述水量是指为维持水资源可持续利用属性的基本生态水量和水位,即维持水生态系统的良性循环所需的河道内生态需水量和湖泊湿地生态水位以及适宜的地下水位。为满足国民经济社会发展需求的农业、工业、生活等方面的水量不在本规划水量定义范畴内。

本书所述水质是指用类别和浓度指标表征的江河湖库等地表水和地下水的水资源质量属性及其优劣状况。

本书所述水生态是指由河流、湖泊、水库等水域,滨河、滨湖湿地,以及地下水系统组成的生态子系统。

2.2　研究的目的和意义

地下水保护研究属于水资源保护顶层设计的重要内容之一,是今后一定时期宽城县地下水资源保护和管理工作的基本依据。应以习近平新时代中国特色社会主义思想为指导,深入贯彻落实十九大精神,依据新时期最严格水资源管理对水资源保护的要求,以实现水资源可持续利用与水生态系统良性循环为目标,以已有相关规划为基础,坚持水量、水质和水生态统一规划,统筹考虑地表与地下、保护与修复、点源与非点源等方面的关系,科学制订水资源保护规划方案,促进水资源可持续利用与经济发展方式转变,推动经济社会发展与水资源水环境承载力相协调。

近期目标:到 2020 年,饮用水水源地水质达标率 100%,河流水功能区主要污染物控制指标 COD 和 NH$_3$—N 达标率 100%，河流生态水量得到保障，河流水生态系统得到有效保护，农村水环境有较大改善，水土流失得到基本遏制，生物多样性得到实现，河流景观环境得到改善，部分河流达到健康状态。

远期目标：到 2030 年，饮用水水源地水质达标率 100%，河流水功能区水质达标率 100%，河流生境得到全面恢复，生物多样性得到全面实现，河流景观环境良好，全区河流达到健康状态，保障水资源和水生态系统的良性循环，以水资源的可持续利用支撑经济社会的可持续发展。

2.3 国内外研究现状

我国是水资源短缺的国家，加之水资源时空分布不均，水土资源的布局不相匹配，水资源已成为制约我国社会经济可持续发展的重要因素。作为可持续发展研究和水资源安全战略研究中的一个基础课题，地下水资源配置的研究已引起学术界和政府相关部门的高度关注，并成为当前水资源科学中研究的重点和热点问题。

地下水资源优化配置在我国是在水资源出现严重短缺和水污染不断加重这样一个背景下于 20 世纪 90 年代初提出来的。地下水资源配置方面的研究虽然起步较迟，但发展很快，特别是改革开放以来的国家重点科技攻关计划对我国地下水资源合理配置发展起到的巨大推动作用，取得了一大批在国内外有影响的、具有国际先进水平的成果，地下水资源配置方面的理论和配置模式也不断发展、完善和成熟，由最初的就水论水"以需定供"和"以供定需"水资源配置模式，逐渐发展为基于宏观经济的区域水资源优化配置、基于二元水循环模式的水资源合理配置、以宏观配置方案为总控的水资源实时调度和经济生态系统广义水资源合理配置。水资源合理配置发展的方向也将由单一的流域水量配置和调度向全流域水质水量统一配置和调度发展，由集总式的、静态的水循环模拟和调控向分布式的、动态的水循环模拟与调控发展。

2.4 研究的范围和依据

2.4.1 研究范围

本次地下水开发利用保护研究的范围包括宽城县所辖 18 个乡，主要涉及瀑河、青龙河、长河、滦河干流等滦河一级支流。

2.4.2 研究依据及参考资料

工业中主要依据以下法律、法规和有关部门规划成果：

（1）《中华人民共和国水法》（2002 年 10 月）；

（2）《中华人民共和国环境保护法》（2014 年 4 月 24 日）；

（3）《中华人民共和国水污染防治法》（2018 年 1 月）；

（4）《取水许可和水资源费征收管理条例》（2006 年 4 月 15 日）；

（5）《中华人民共和国清洁生产促进法》（2012年7月）；

（6）国务院关于实行最严格水资源管理制度的意见（国发〔2012〕3号）；

（7）河北省人民政府关于实行最严格水资源管理制度的意见（冀政〔2011〕114号）；

（8）河北省人民政府办公厅关于印发河北省实行最严格水资源管理制度实施方案的通知（冀政办〔2012〕16号）；

（9）承德市人民政府办公室关于印发承德市实行最严格水资源管理制度实施方案的通知（承市政办字〔2013〕60号）；

（10）《水资源评价导则》（SL/T 238—1999）；

（11）《水利水电工程水文计算规范》（SL 278—2002）；

（12）《地表水环境质量标准》（GB 3838—2002）；

（13）《地下水质量标准》（GB/T 14848—2017）；

（14）《污水综合排放标准》（GB 8978—1996）；

（15）《河北省水功能区划》（2017）；

（16）河北省地方标准《用水定额》（DB13/T 1161—2016）；

（17）《海河流域承德市生态环境恢复水资源保障规划》（2003～2030）；

（18）《中国可持续发展水资源战略研究综合报告及各专题报告》（钱正英、张光斗，中国水利水电出版社，2001）；

（19）《面向可持续发展的水资源规划与管理》（左其亭、陈曦，中国水利水电出版社，2003）；

（20）《21世纪中国水供求》（中国水利水电出版社，1999）；

（21）《乌鲁木齐河流乌鲁木齐河流域水资源承载力及其合理利用》（施雅风、曲耀光等，科学出版社，1992）；

（22）《滦河流域水资源承载力研究》（河北省滦河河务管理局，河北省唐秦、承德水文水资源勘测局，2009年12月）；

（23）《宽城满族自治县国民经济和社会发展第十三个五年规划纲要》（2016年1月）；

（24）《宽城满族自治县水资源保护规划报告》（河北省承德水文水资源勘测局，2015年4月）；

（25）《宽城满族自治县城乡总体规划（2012～2030年）说明书》；

（26）《平泉县国民经济和社会发展第十三个五年规划纲要》；

（27）《平泉县水资源保护规划报告》（河北省承德水文水资源勘测局，2015年4月）；

（28）《平泉县城市总体规划》（2008～2020年）；

（29）《平泉县十三五水利规划》；

（30）《河北平泉经济开发区产业发展规划》（中国中元国际工程有限公司，2017年9月）。

2.4.3　水平年

本书以2015年为现状年，现状调查分析取2011～2015年近5年资料，近期水平年为2020年，远期水平年为2030年。

第 3 章　水资源演变规律及趋势分析

3.1　水资源评价分区

宽城县辖 18 个乡(镇) 206 个行政村 1 382 个自然村。水资源评价的范围为整个宽城县,保持行政区域和流域分区的统分性、组合性与完整性,首先以流域为研究单元,宽城县均属滦河流域,然后将流域细分至一级支流滦河干流、瀑河、青龙河、长河、清河、孟子河、牛心河,以各一级支流作为基本评价分区,然后按行政区汇总评价结果。

3.2　资料的选取

本书蒸发量、降水、径流系列统一采用 35 年(1981~2015 年)资料系列进行水资源量的分析计算。区域水资源量保证率 $P = 20\%$ 指丰水年, $P = 50\%$ 指平水年, $P = 75\%$ 指中等干旱年, $P = 95\%$ 为特殊干旱年。

降水量的计算共选用了党坝、板城、宽城等 29 个雨量站的资料,径流量计算采用了平泉、宽城(瀑河)和土门子(青龙河)等水文站实测和调查资料。同时,本次评价对实测径流进行了还原计算,对天然径流量系列进行了一致性分析处理,提出了系列一致性较好、反映近期下垫面条件的天然年径流量系列,作为评价地表水资源量的依据。

3.3　系列代表性和一致性分析

3.3.1　系列代表性分析

3.3.1.1　统计参数对比

由于统计资料的局限性,本次选用瀑河上的宽城雨量站作为代表站,宽城站降水资料系列为 1940~2015 年。将宽城站 1981~2015 年与 1940~2015 年、1956~2015 年实测降水量系列分别进行频率计算分析,计算结果如下:

1940~2015 年多年平均降水量为 620.0 mm, C_v 值为 0.28;

1956~2015 年多年平均降水量为 631.1 mm, C_v 值为 0.27;

1981~2015 年多年平均降水量为 607.9 mm, C_v 值为 0.24。

经对比分析,宽城站 1981~2015 年系列均值比长系列 1940~2015 年系列均值偏小 1.95%, C_v 值偏小 14.3%;比 1956~2015 年系列均值偏小 3.68%, C_v 值偏小 11.1%。

3.3.1.2　代表站丰枯系列分析

具有代表性的水文系列最少要包括一个含有丰水期、平水期、枯水期的水文周期,丰水过多时,可能会使系列特征值中的均值偏大,而枯水偏多时,可能会使系列均值偏小,两者都会使系列的代表性不充分。

年降水量的模比系数差积曲线能较好地反映降水量年际间的丰、枯变化情况,当一段时间内差积曲线总的趋势下降时,说明此时为枯水期;当一段时间内差积曲线总的趋势是上升时,说明此时期为丰水期,差积曲线不同的形状反映了不同的降水周期。

本书选择宽城县域内及邻近的板城、宽城、峪耳崖、汤道河、马圈子、潘家口等6个雨量站绘制降水量差积曲线,详见图3-1。

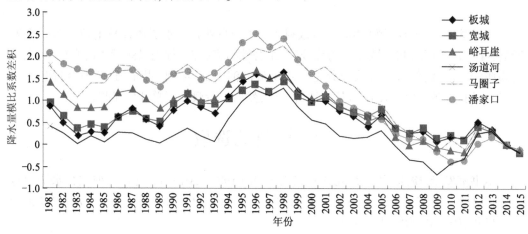

图 3-1　代表站 1956～2015 年降水量模比系数差积曲线

从图 3-1 中趋势来看,所选择的雨量站 1990～1998 年为丰水年,1999～2011 为枯水年,勘察年份丰水年和枯水年交替出现,整个系列包括了连续丰、枯系列,具有代表性。

3.3.2　单站年径流量的一致性分析

3.3.2.1　年径流量的还原计算

1.人类活动对年径流量的影响

人类活动对天然年径流量的影响表现在以下几个方面:

(1)地下水超采,使得包气带加厚,地下水储水容积增加,相同降雨产生的径流在近期明显减少,目前海河流域平原区浅层地下水超采面积已达 6 万 km^2,近年来发生的量级在 200 mm 左右的暴雨均未产生大范围的涝灾,而相同量级暴雨在 20 世纪六七十年代将会有相当严重的灾情出现;

(2)山区地表径流过度开发利用,使得进入下游控制水文站的径流减少;

(3)地貌的变化对产汇流条件产生了一定的影响,在山区,随着近年来水土保持力度的增大和当地居民对柴草砍伐量的减少,植被覆盖率比 20 世纪六七十年代有所增加,也相应增加了自然植被的水分蒸发量,进而对山区地表径流也产生了一定的影响;

(4)局部区域城市面积的扩大,使得城市地表径流量有增大的趋势。

以上具体可归纳为两条,一是经济和社会的发展,流域内消耗水量的增加;二是流域下垫面条件发生变化。

2.单站年径流量的还原计算

人类活动很大程度上改变了河川径流的天然情势,水文站的实测径流量已不是天然状态下的来水量,它包括实测径流量和人类开发利用影响量两部分,因此需将测站以上由于地表水开发利用而产生的蓄水量、用水量、引水水量进行还原计算,将水文站实测年径流系列还原成天然年径流系列,以保证资料的一致性。另外,由于人类开发利用及流域综合治理等改变了流域下垫面产流条件,致使入渗、径流、蒸发等水量平衡要素发生了变化,从而造成径流的增减,这种影响我们称之为人类活动对径流的间接影响,这种影响是"渐变的",且影响因素不是单一的,难以按照传统方法还原。首先对地表水开发利用而产生的蓄、用、引水水量进行还原计算。

1)站点选择

凡资料质量较好,观测系列为 1981 年以来的水文站均可作为选用径流站,包括国家基本站、专用站和委托观测站。本书选择了瀑河干流的平泉(集水面积 374.5 km²)、宽城(集水面积 1 742.7 km²),青龙河干流的土门子(集水面积 2 759.2 km²,2004 年后下迁到双山子,集水面积 3 550 km²)等 3 个水文站。

2)还原方法

河川径流还原计算的方法很多,主要有分项还原法、模型法、经验公式法、径流双累积法和流域蒸发差值法等。常用的传统方法为分项还原法,本书采用分项还原法。分项还原法主要依据水量平衡,根据各项措施对径流的影响程度采用逐项还原或对其中的主要影响项目进行还原。计算时段一般为月、年,水量平衡方程式为

$$W_{天然} = W_{实测} + W_{灌} + W_{工业} + W_{生活} + W_{环境} \pm \Delta V_{库变} + W_{蒸损} + W_{渗损} \pm W_{引(排)} + W_{决口} + W_{傍河开采}$$

式中:$W_{天然}$ 为还原后的天然径流量;$W_{实测}$ 为水文站实测径流量(水库站为出库水量);$W_{灌}$ 为农业用水灌溉耗损量;$W_{工业}$ 为工业用水耗损量;$W_{生活}$ 为生活用水耗损量;$W_{环境}$ 为环境用水耗损量;$\Delta V_{库变}$ 为时段始末水库蓄水变量(增为正,减为负);$W_{蒸损}$ 为水库蒸发损失量;$W_{渗损}$ 为水库渗漏损失量;$W_{引(排)}$ 为跨流域引(排)水量(引入为负,排出为正);$W_{决口}$ 为河道决口或分洪水量;$W_{傍河开采}$ 为傍河打井开采地下水净消耗量。

3)分项还原计算

(1)农业用水量。农业用水量是还原量中较大的项目,是径流还原的重点。农业用水灌溉耗损量是指农田引水灌溉过程中,因蒸发消耗和渗漏损失而不能回归到河流的水量。

除大型灌区外,大多缺乏实测记录,根据水文站集水区域内的用水特点,有灌区的一般灌区管理单位都有引水量,没有灌区的根据其灌溉面积及亩均水量等估算得到并与水利局水资源年报水量对比分析。当渠首引水口位置在水文站断面以上附近时,渠首引水量(毛引水量)即为灌溉用水量;当渠首引水口位置在水文站断面以上较远,而且灌溉回归水能回到水文站断面以上时,灌溉用水量为扣除回归水后的净用水量;缺乏回归系数资料时,可将净灌溉水量近似作为农业用水灌溉耗损量。

(2)工业用水耗水量。工业用水耗水量为工业用水取水量与工业废水入河排放量之差。其值包括两部分:一部分是用水户在生产过程中被产品带走、蒸发和渗漏掉的水量,称为用水消耗量;另一部分是工业废水在排放过程中因渗漏和蒸发而耗损的水量,称为排水消耗量。在县水务局年报统计数据基础上进行水量还原,重点是规模以上工矿企业根

据其水平衡测试、废污水排放量监测和典型调查等资料推求耗损水量。

（3）生活用水量。生活用水包括城镇生活用水和农村生活用水。农村生活用水一般只有零星水量，可根据资料情况及水量多寡选择是否还原。重点是城镇生活用水，这部分水量一般都有计量设施。

（4）环境用水量。近年来为了改善居住区生态环境，景观用水量增加，环境用水一般分两种情况，一种是直接在河道修建橡胶坝或挡水堰，拦蓄水量；另一种是从水库或河道取水补充景观水。为此从河道拦蓄水量的，根据增加的水面面积和附近水文站观测的蒸发损失量计算相应的环境耗水量。从水库或河道取水的将取水量作为环境耗水量。

（5）水库蓄水变量。大型水库都有水文整编资料，无法调查得到或资料不连续的部分中型水库及小型水库塘坝的蓄变量本书没有考虑。

（6）蒸发损失量。以往还原计算为"向前还原"，在修建水库之前，下垫面条件为陆面，则其蒸发也为陆面蒸发，而当修建水库后，蒸发形式变为水面蒸发，这样而产生的蒸发增量称为水库蒸发损失。全国水资源"二次评价时"，水库蒸发损失量属于产流下垫面变化对河川径流的影响，宜以湖泊、洼淀等天然水面对待，不必进行还原计算。但现状下垫面条件下，水库修建必然增大水面蒸发损失，按照水库水量平衡计算公式，水库来水量为水库出库水量、水库蓄变水量及库区损失水量之和，为此水库水面蒸发损失还原量应根据水面面积和相应的水文站实测 E-601 型蒸发皿实测值折算求得，而不是不还原；否则水库入库水量，尤其是北方地区的枯季，必然为负值，这显然是不合理的。

（7）水库渗漏量。水库渗漏量分为坝身渗漏、坝基渗漏和库区渗漏三部分。在坝身渗漏较大的水库上，一般都有坝下反滤沟实测流量资料推算的水库渗漏量。本书只对渗漏量较大的有水库管理处提供的反滤沟渗漏水量的水库进行了渗漏还原，对没有直接观测资料的坝基渗漏和库区渗漏没有考虑。

（8）跨流域引（排）水量，跨流域引水量引入的水量为负，排出的为正。渠首有实测资料的，按照实测资料计算，无实测资料的按照不同用水户用水指标分析计算。跨流域引水量一般有引出实测量，还原引入的水量时要考虑输水损失。

（9）河道决口或分洪水量，河道分洪决口水量是临时性措施，多在洪水调查或洪水分析计算时已经估算，可直接采用。

（10）傍河打井开采地下水净消耗量。

①还原必要性：山丘区地下水开采量，主要为山丘区人畜用水及河谷地带的工业用水、生活用水和农业用水。20 世纪 80 年代以来，地下水已逐步成为山区的重要供水水源。山区沿河开采地下水导致地下水排泄方式由河川基流转成以地下水开采为主。开采量增加必将影响到基流并使其减少，改变河水和地下水原有的补排关系，严重时完全夺取河川基流，使（枯季）非汛期河道枯竭，减少情况比较突出。地下水开采净消耗只计入地下水而不计入地表水显然不合理。

另外，从 2011 年水利普查成果看，山区地下水井几乎均为沿河岸两侧滩地、台地分布，裂隙水开采井很少。本次分析计算中，在基岩山丘区，地下水开采净消耗既是地下水资源量的一部分，也是地表水的一部分，二者数值相同，是地表水与地下水的重复计算量。

②还原方法。宽城县位于河北省北部基岩山丘区（燕山和太行山中由非可溶岩构成

的山地或丘陵区),地下水赋存于基岩裂隙和构造裂隙中。该水量根据水文站所包含的乡镇分类型开采量占县开采量比例分到水文站或区间。

3.3.2.2　单站年径流系列一致性分析

水文资料系列一致性分析是指产生各年水文资料的流域和河道的产流、汇流条件在观测和调查期内无根本变化,即流量资料应该是在同样的气候条件、同样的下垫面条件、测流断面以上流域同样的开发利用水平和同样的测流断面条件下获得的。是水资源调查评价对资料的基本要求之一。

判断一个随机系列是否一致,一般可采用数理统计、累积曲线及降水径流相关分析等方法。本书采用 F 检验法和 Mann-Kendall 检验方法、(双)累积曲线法、降水径流关系线法等进行天然年径流系列的一致性分析,采用多种方法,相互验证,综合判别途径,最终确定系列是否具有一致性。

本书对所采用的平泉、宽城和土城门子水文站进行了降水径流相关法、降水径流双累积曲线法两种方法分析,详见图 3-2~图 3-7。

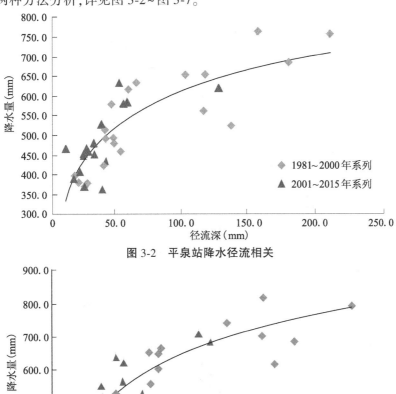

图 3-2　平泉站降水径流相关

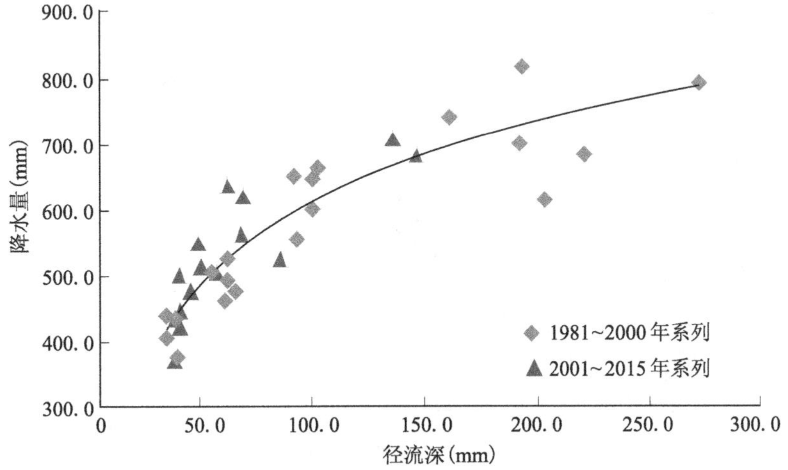

图 3-3　宽城站降水径流相关

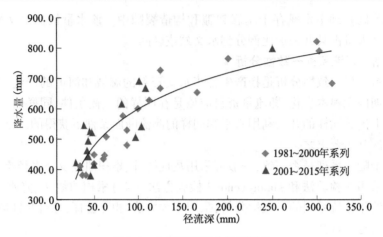

图 3-4　土门子站降水径流相关

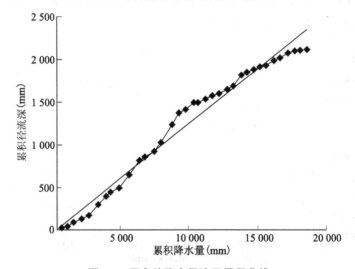

图 3-5　平泉站降水径流双累积曲线

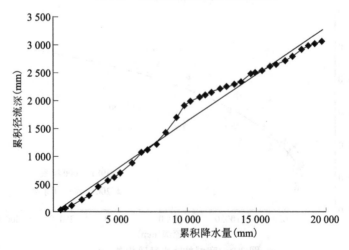

图 3-6　宽城站降水径流双累积曲线

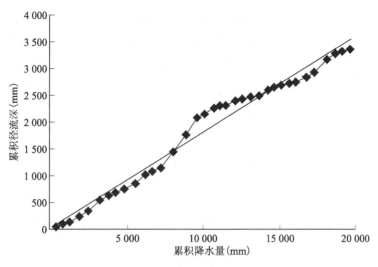

图 3-7　土门子站降水径流双累积曲线

　　从各站降雨径流统计资料中可以看出,各选用水文站 1996 年径流量明显偏大,分析结果如下:1995 年区域内大范围降水,降水量为 688.1~1 063.6 mm,其中瀑河流域宽城以上达到 788.5 mm,青龙河土门子站以上为 842.1 mm,长河流域也达到了 850.2 mm;1996年降水量也大于多年平均值,瀑河流域宽城站以上为 611.3 mm(多年平均 554.6 mm),青龙河土门子站以上 684.4 mm(多年平均 554.0 mm),长河流域 846.6 mm(多年平均 663.7mm)。前期降水量的影响,致使降水径流双累积曲线 96 年点子偏离曲线,这点从各站降水径流双累积曲线中也可以看出。

　　分析结果表明,宽城县各河下垫面没有发生显著性变化,在还原了上游用水量的影响后,资料的一致性相对较好。

3.4　宽城县水资源量

　　根据分区水资源的汇总,求得宽城县水资源量如下。

3.4.1　降水量

　　降水是指从大气中降落到地面的液态水和固态水,以雨、雪为主。降水(雪经融化后)未经蒸发、渗透、流失而在水平面上积聚的深度,即为降水量,以 mm 为单位。

　　降水是产生地表径流和补给地下水的主要来源,是影响水资源数量的重要水文因素,因而降水量评价是水资源评价的重要内容之一。

3.4.1.1　年降水量的计算

1.年降水量成果

　　降水量成果是根据单站资料用网格法全县统一计算而得的。对各分区面平均降水量系列进行频率计算,得出各分区面平均降水量特征值。

　　通过统计分析,宽城县 1981~2015 年的 35 年中,全县多年平均年降水总量为

12.179 2亿 m³,折合降水深 623.9 mm,20%、50%、75% 和 95% 频率降水量分别为 747.9 mm、607.1 mm、510.2 mm、403.8 mm。从各分区看,瀑河、青龙河、长河三条较大河流多年平均降水量分别为 614.2 mm、597.0 mm、663.7 mm。

宽城县年降水量特征值详见表 3-1。

表 3-1　宽城县年降水量特征值

分区	面积 （km²）	统计年限	年数	统计参数			不同频率年降水量（mm）			
				年均值 （mm）	C_v	C_s/C_v	20%	50%	75%	95%
瀑河	645.6	1981~2015	35	614.2	0.24	2.42	732.3	600.2	507.2	398.4
青龙河	524.2	1981~2015	35	597.0	0.26	3.38	716.7	574.7	482.8	385.7
长河	391.1	1981~2015	35	663.7	0.26	2.62	800.4	644.4	537.7	418.8
滦河干流	63.9	1981~2015	35	630.2	0.23	2.60	746.0	615.8	524.8	418.8
清河	69.2	1981~2015	35	606.1	0.23	2.00	719.1	595.5	505.7	396.4
孟子河	187.6	1981~2015	35	636.8	0.26	4.81	757.0	603.2	514.3	434.1
牛心河	70.4	1981~2015	35	671.4	0.25	2.00	807.0	657.4	550.2	421.1
全县	1 952	1981~2015	35	623.9	0.25	2.60	747.9	607.1	510.2	403.8

2.成果验证

与承德市水资源规划(1956~2000 年)系列对比,全县多年平均降水量减少了 43.6 mm,少了 6.53%;瀑河、青龙河和长河三大河流分别少 45.0 mm、28.4 mm、45.2 mm,少了 6.82%、4.54% 和 6.38%。

3.4.1.2　降水量的时空分布特征

1.降水量的空间分布

计算选用雨量站的降水量多年平均值,绘制多年平均降水量等值线图,详见图 3-8。

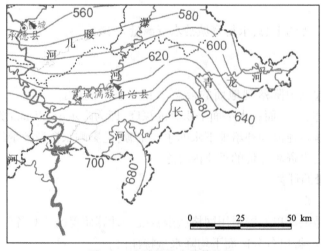

图 3-8　宽城县降水量等值线

从图 3-8 中可以看出,宽城县位于承德市南部,降水量相对较大,总体趋势自东、北向西、南逐渐增加,东、北部降水深 580~600 mm;在宽城南部沿长城一线,由于地形的抬升作用,形成多雨区,多年平均降水量为 680~700 mm;城区附近的宽城镇多年平均降水量约 640 mm。

2.降水量的年际变化及年内分配

1)年际变化幅度

降水量的年际变化幅度可以从 C_v 值和极值比两个方面进行分析。

(1)C_v 值。

降水量年际变化的大小,可用变差系数 C_v 值来衡量。变差系数越大,年际变化越大,反之则越小。宽城全县降水变差系数 C_v 值为 0.23~0.26;滦河干流、清河相对较小,C_v 值为 0.23;青龙河、长河及孟子河相对较大,C_v 值为 0.26。

(2)极值比。

降水量的极值比也是反映降水系列年际变化的一个指标。计算 1981~2015 年的各分区面平均雨量的最大值和最小值,并计算极值比,计算结果详见表 3-2。

表 3-2　宽城县各分区降水量极值统计

分区	统计年限	平均值 (mm)	最大值 (mm)	出现年份	最小值 (mm)	出现年份	极值比
瀑河	1981~2015	614.2	871.6	1990	387.2	2006	2.3
青龙河	1981~2015	597.0	919.7	1994	364.5	1999	2.5
长河	1981~2015	663.7	1 004.1	1994	384.6	1999	2.6
滦河干流	1981~2015	630.2	902.8	1990	403.9	1999	2.2
清河	1981~2015	606.1	861.8	1990	383.9	1999	2.2
孟子河	1981~2015	636.8	989.2	1990	358.1	1999	2.8
牛心河	1981~2015	671.4	1 079.3	2012	383.0	1999	2.8
全县	1981~2015	623.9	905.5	2012	380.6	1999	2.4

从表 3-2 中可以看出,宽城县各河流最大年降水量和最小年降水量比值相差不大,整体在 2.2~2.8。极值比最大的是孟子河和牛心河,最小的为清河和滦河干流,全县面平均雨量的极值比为 2.4。

2)降水年际变化趋势

采用线性滑动平均法对宽城县各县及各水系降水量的年际变化趋势进行分析,结果见图 3-9~图 3-16。

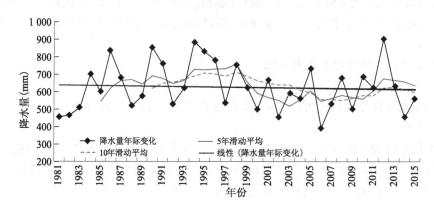

图 3-9　宽城县面平均降水量年际变化趋势

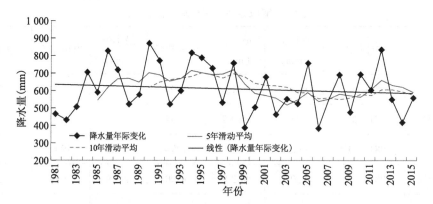

图 3-10　宽城县瀑河面平均降水量年际变化趋势

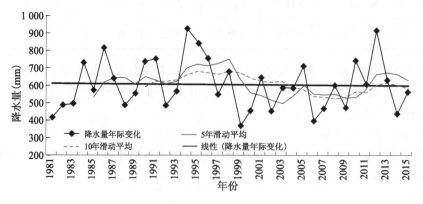

图 3-11　宽城县青龙河面平均降水量年际变化趋势

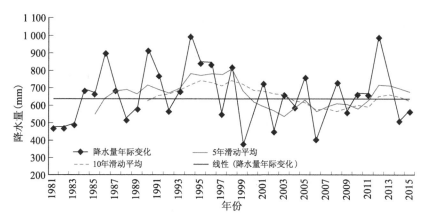

图 3-12　宽城县长河面平均降水量年际变化趋势

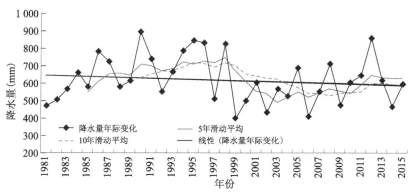

图 3-13　宽城县滦河干流面平均降水量年际变化趋势

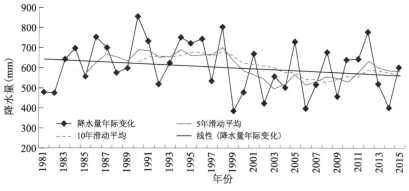

图 3-14　宽城县清河面平均降水量年际变化趋势

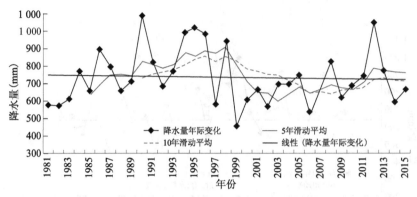

图 3-15　宽城县孟子河面平均降水量年际变化趋势

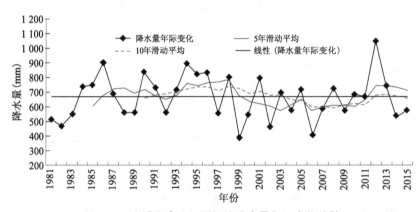

图 3-16　宽城县牛心河面平均降水量年际变化趋势

从图 3-9~图 3-16 中可以看出,宽城县各河流 5 年滑动平均和 10 年滑动平均变化趋势基本相同,降水量的年际变化各分区都相对比较稳定,且各分区差别不大。丰水年主要有 1986 年、1990 年、1994 年、1998 年和 2002 年等,枯水年有 1981 年、1999 年、2006 年和 2014 年等。

3)降水量年内分配

根据不同的设计要求,降水量的年内分配多采用接近设计值选择典型年的方法。代表站和典型年的选取,根据不同频率年降水量特征值,挑选若干年降水量与特征值接近的实际年份,然后从中选出资料较好、月分配不利的年份作为典型年的代表,由于宽城县清河、孟子河和牛心河流域内无雨量站,本书仅对其主要河流瀑河、青龙河和长河流域选择代表站进行年内分配,计算结果详见表 3-3。

从降水量年内分配表 3-3 中可以看出,全年降水量近 61.5%~83.9%集中在汛期(6~9月),而汛期降水量又主要集中在 7 月、8 月。非汛期降水量占全年降水量的 16.1%~38.5%,非汛期又以 4 月、5 月、10 月所占比重较大。

表 3-3　宽城县主要河流雨量代表站不同频率降水量月分配

雨量站名称	行政区	频率	出现年份	降水量（mm）												全年	汛期
				1月	2月	3月	4月	5月	6月	7月	8月	9月	10月	11月	12月		
板城	瀑河	20%	2010	6.6	4.3	11.3	43.5	45.6	82.4	220.2	142.1	121.4	49.6	1.9	0.2	729.1	566.1
		50%	2003	8.7	0.6	35	10.9	50.2	151.4	52.6	106.2	70.6	72.4	29.8	2.1	590.5	380.8
		75%	2000	13.9	0	10.5	45.7	81.9	10.9	113.9	170.4	20.9	34.7	7.8	3.8	514.4	316.1
		95%	2014	0.4	1	5.8	8.6	66.1	71.4	80.1	50.6	77.6	28.5	0.3	3.6	394.0	279.7
		多年平均	2007	0	0.8	47.6	13.8	54.4	100.9	233.2	60.9	28.2	39	2.7	7.9	589.4	423.2
汤道河	青龙河	20%	1986	0	1.6	23.8	29.4	22.9	60.7	248.3	122.3	121.3	70.1	2.9	4.3	707.6	552.6
		50%	2008	0	0	6.6	54.2	39.2	76.2	195.2	58.2	81.2	36.5	0.3	2.7	550.3	410.8
		75%	1992	3.2	0.1	0.2	7.2	40.7	52.4	151.2	108.3	25	58.9	14.4	1	462.6	336.9
		95%	2014	0.4	0.7	8.1	7.4	70.2	64.4	77.4	36.4	86	33.6	0.2	2.7	387.5	264.2
		多年平均	1991	0	3	15.6	41.9	57.7	282.1	264.1	78.6	38.5	23.1	5.8	3.1	813.5	663.3
峪耳崖	长河	20%	1991	0	3	15.6	41.9	57.7	282.1	264.1	78.6	38.5	23.1	5.8	3.1	813.5	663.3
		50%	2011	0	10.7	0	30.4	36.6	77.7	350.4	57.6	32.4	31.2	20.5	6.5	654	518.1
		75%	2004	0	5.9	2.8	22.1	42.6	60.8	170	85.6	95.9	19.5	18.9	3.1	527.2	412.3
		95%	2009	0	0	16	39.1	25.7	75.3	106.9	46.7	54.3	6.1	30.5	1.7	402.3	283.2
		多年平均	2010	7.1	4	19.8	41.4	68.7	65.9	161	93.5	154.6	45.8	2.2	0.3	664.3	475.0
宽城	宽城县	20%	1987	4.2	4	24.4	21.2	57.7	94.5	202.7	221.5	64.6	12.5	18.3	0.1	725.7	583.3
		50%	2004	0	2.3	1.1	25.2	31.7	133.4	172.7	83.6	86.9	20.9	24.9	4.4	587.1	476.6
		75%	1992	2.2	2.8	0.9	2.9	38	53.3	162.7	145.9	36.7	53.3	12.8	0.2	508.9	398.6
		95%	1982	2.5	2.8	1.1	25	25.2	113	101.7	118.7	5.3	25.2	1	0	421.5	338.7
		多年平均	1967	1.5	2	4	20.5	32.7	75	216.7	148.9	61.7	12.5	22	1.1	598.6	502.3

3.4.2 蒸发量

蒸发是指液态水转化为气态水,逸入大气的过程。由于蒸发面的差异而存在不同类型的蒸发,蒸发面是水面的为水面蒸发,发生在裸土表面的蒸发为土壤蒸发,植物茎叶的水分耗散为植物散发,此外还有潜水蒸发等。

蒸发是水文循环中最活跃的因素之一,是影响水资源数量的重要水文要素,也是联系水圈与大气圈的纽带。本书内容包括水面蒸发和干旱指数等。

水面蒸发也称蒸发能力,是在充分供水条件下形成的,它主要受气象因素影响。在我国主要通过实测方法确定水面蒸发量,本书采用标准 E-601 蒸发器观测的资料代表水面蒸发量。

本书共选用平泉、宽城等 2 个水文蒸发站和宽城县 1 个气象蒸发站的 1981~2015 年 35 年蒸发观测资料。

水文部门在结冰期采用 Φ20 蒸发皿,非结冰期采用 E-601 蒸发器或 80 cm 套蒸发皿来测定水面蒸发量,气象部门一般采用 Φ20 蒸发皿测定水面蒸发量。为进行水面蒸发量评价,需要将不同型号蒸发皿的观测值统一折算为标准 E-601 蒸发器的蒸发量。

根据《河北省水面蒸发研究报告》(1994 年 6 月)的研究成果,参照气象要素的地理分布,确定选用站不同器皿的折算系数,见表 3-4。

表 3-4 不同蒸发皿与 E-601 蒸发器折算系数

蒸发皿类型	月折算系数(折算成 E-601)											
	1 月	2 月	3 月	4 月	5 月	6 月	7 月	8 月	9 月	10 月	11 月	12 月
80 套				0.86	0.83	0.82	0.78	0.81	0.86	0.86		
80				0.71	0.70	0.72	0.71	0.74	0.78	0.84		
20 铜	0.63	0.53	0.52	0.69	0.66	0.67	0.70	0.73	0.75	0.74	0.63	0.62
20 铁	0.57	0.47	0.5	0.58	0.58	0.62	0.62	0.65	0.63	0.63	0.6	0.55

经分析计算,宽城县 1981~2015 年多年平均水面蒸发量为 939.8 mm,各分区中,位于区域西北端的清河最大,为 982.7 mm 之最南端的牛心河最小,为 921.3 mm。全县干旱程度比较均匀,多年平均干旱指数为 1.51,属于半湿润气候,干旱指数最大的为清河,为 1.62;最小的是牛心河,为 1.37,详见表 3-5。

表 3-5 宽城县各河多年平均干旱指数统计

分区	多年平均降水量(mm)	多年平均蒸发量(mm)	多年平均干旱指数
瀑河	614.2	953.1	1.55
青龙河	597.0	938.1	1.57
长河	663.7	923.5	1.39
滦河干流	630.2	926.3	1.47
清河	606.1	982.7	1.62

续表 3-5

分区	多年平均降水量（mm）	多年平均蒸发量（mm）	多年平均干旱指数
孟子河	636.8	927.5	1.46
牛心河	671.4	921.3	1.37
合计	623.9	939.8	1.51

选取蒸发观测站宽城站作为代表站，分析宽城站多年平均水面蒸发量年内分配状况，见表 3-6。从表 3-6 数据中可以看出，全年 4~8 月由于温度增高，蒸发量较大，为 114.0~145.5 mm，并以 5 月为最高值；1 月、2 月和 11 月、12 月由于气候寒冷，蒸最量较小，为 17.8~29.7 mm，并以 12 月为最低值。

表 3-6　宽城站蒸发量月分配

月份	月蒸发量（mm）	月份	月蒸发量（mm）
1	18.0	8	114.0
2	23.0	9	97.6
3	51.4	10	69.7
4	117.8	11	29.7
5	144.5	12	17.8
6	136.2	全年	939.6
7	119.9		

3.4.3　河流泥沙

河流泥沙是反映河川径流特性的一个重要因素，对水资源开发和江河治理有较大的影响。本次统计分析的主要是悬移质泥沙。

选取主要河流控制站和区域代表站，采用实测泥沙资料，分析计算 1981~2015 年多年平均含沙量和输沙量，计算成果见表 3-7。

宽城县的泥沙特性选取滦河干流上三道河子水文站以及瀑河宽城水文站资料进行分析，宽城水文站控制流域面积为 1 742 km²，多年平均含沙量为 1.38 kg/m³，历史最大含沙量出现在 1985 年，为 118 kg/m³；三道河子水文站控制流域面积为 17 100 km²，多年平均含沙量为 1.96 kg/m³，历史最大含沙量出现在 1989 年，为 130 kg/m³。

输沙量不仅和河流的含沙量有关，也和径流量的大小有关。瀑河宽城站多年平均输沙量为 27.9 万 t，最大年输沙量为 196 万 t，出现在 1994 年，最小输沙量为 0，出现在 2004年，多年平均输沙模数为 178 t/km²；滦河三道河子站多年平均输沙量为 94.4 万 t，最大年输沙量为 327 万 t，出现在 1994 年，最小年输沙量为 7.57 万 t，出现在 2009 年，多年平均输沙模数为 55.2 t/km²；悬沙的年内分配通常与径流的年内分配有关，但不一定与径流分配相似，通常更不均匀。宽城县的暴雨和洪水多集中于 7~9 月，输沙量也集中在这几个月内。

3.4.4 地表水资源量

3.4.4.1 天然年径流量计算

1.天然年径流量成果

地表水资源量是指河流、湖泊、冰川等地表水体中由当地降水形成的、可以逐年更新的动态水量,用天然河川径流量表示。本书是通过实测径流还原计算并对天然径流量系列一致性进行分析处理,提出系列一致性较好、反映近期下垫面条件的天然年径流量系列,作为评价地表水资源量的依据。

根据 1981~2015 年资料的分析计算,全县多年平均天然河川径流总量为 20 848 万 m^3,折合成径流深为 107.6 mm,变差系数 C_v 为 0.84,偏差系数 C_s/C_v 为 2.9,20%、50%、75% 和 95%频率天然年径流量分别为 30 135 万 m^3、14 497 万 m^3、8 912 万 m^3、6 665 万 m^3,详见表 3-8。

天然年径流量按河流进行统计,瀑河、青龙河和长河为宽城县三大主要河流,合计多年平均天然年径流量 16 603 万 m^3,占全县的 79.7%,其中瀑河 6 723 万 m^3,占全县的 32.3%;青龙河 5 445 万 m^3,占全县的 26.1%;长河 4 435 万 m^3,占全县的 21.3%;滦河干流、清河、孟子河和牛心河四条河流由于集水面积小,天然年径流量相对较小,合计 6 112 万 m^3,占全县的 20.3%。

2.成果验证

与承德市水资源规划(1956~2000 年)系列对比,全县多年平均值减少了 8 994 万 m^3,少了 30.1%;瀑河、青龙河和长河三大河流分别减少了 547 万 m^3、1 721 万 m^3、1 687 万 m^3,少了 7.5%、24.0%和 27.6%。

3.4.4.2 地表水资源时空分布特征

1.地区分布

从表 3-8 中可以看出:宽城县整体位于承德市东南部,降水产流相对较大,各河多年平均径流深相差较小,为 101.8~113.7 mm。径流深地区分布总体趋势也是从北向南逐步增加的,县域北部清河和东北部的青龙河多年平均径流深相对较小,分别为 101.8 mm、103.9 mm;南部的牛心河、长河分别为 113.7 mm、113.4 mm,是宽城县降水产流相对较大的地区。

2.年际变化

地表水资源量的年际变化主要取决于降水量的多年变化,同时还受径流补给类型及流域内地形地貌、地质条件的影响。

1)年际变化幅度

地表水资源的年际变化呈现出与降水量类似的地带性差异,但由于受降水、下垫面条件和人类活动的影响,地表水资源的年际变化幅度比降水量更大,地区间的差异也更悬殊。地表水资源年际变化幅度也可以从 C_v 值和极值比两个方面来分析。

(1)C_v 值。

从区域径流量分析,宽城县各分区径流量年际变化较大,变差系数 C_v 为 0.80~0.90。从各河流来看,清河和牛心河天然年径流量的 C_v 值相对较小,为 0.80;青龙河天然年径流量的 C_v 值较大,为 0.90;其他河流介于 0.82~0.86。

表 3-7　宽城站实测含沙量、输沙量成果

河流	测站名	统计年限	多年平均含沙量 kg/m³	历史最大含沙量		多年平均输沙量 万t	最大年输沙量		最小年输沙量		多年平均输沙模数 (t/km²)
				kg/m³	出现年份		万t	出现年份	万t	出现年份	
瀑河	宽城	1981~2015	1.38	118	1985	27.9	196	1994	0	2004	178
滦河	三道河子	1981~2015	1.96	130	1989	94.4	327	1994	7.57	2009	55.2

表 3-8　宽城县各河流天然年径流量特征值统计

分区	计算面积 (km²)	统计年限	年数	年均值		统计参数		不同频率年径流量 (万 m³)			
				万 m³	mm	C_v	C_s/C_v	20%	50%	75%	95%
瀑河	645.6	1981~2015	35	6 723	104.1	0.84	3.0	9 626	4 679	2 954	2 296
青龙河	524.2	1981~2015	35	5 445	103.9	0.90	2.7	8 048	3 710	2 130	1 476
长河	391.1	1981~2015	35	4 435	113.4	0.83	3.0	6 349	3 114	1 969	1 516
滦河干流	63.9	1981~2015	35	684	107.0	0.82	2.9	988	488	302	221
清河	69.2	1981~2015	35	705	101.8	0.80	2.7	1 032	521	310	200
孟子河	187.6	1981~2015	35	2 051	109.3	0.86	3.0	2 939	1 404	886	696
牛心河	70.4	1981~2015	35	800	113.7	0.80	2.9	1 153	581	361	260
合计	1 952	1981~2015	35	20 843	107.6	0.84	2.9	30 135	14 497	8 912	6 665

（2）极值比。

宽城县天然年径流深极值比为8.6,在各河流中,清河最小,为7.4;青龙河最大,为14.1;其他河流为8.3～9.5,详见表3-9。

表3-9　宽城县各分区径流深极值统计

分区	统计年限	平均值（mm）	最大值（mm）	出现年份	最小值（mm）	出现年份	极值比
瀑河	1981～2015	104.1	292.8	1995	35.3	2006	8.3
青龙河	1981～2015	103.9	352.2	1994	25.0	2009	14.1
长河	1981～2015	113.4	349.1	1994	36.9	2006	9.5
滦河干流	1981～2015	107.0	315.4	1995	37.2	1981	8.5
清河	1981～2015	101.8	267.5	1995	36.3	2006	7.4
孟子河	1981～2015	109.3	340.0	1995	36.8	1999	9.2
牛心河	1981～2016	113.7	319.2	1994	36.3	2006	8.8
合计	1981～2015	107.6	319.4	1994	34.8	1981	9.4

2）年际变化趋势

通过点绘模比系数差积曲线,分析区域地表水资源量的年际变化趋势,其中整体下降阶段为偏枯年份,整体上升阶段为偏丰阶段,详见图3-17、图3-18。

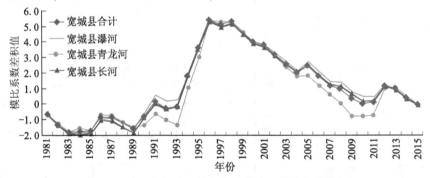

图3-17　宽城县各河流天然年径流模比系数差积曲线（一）

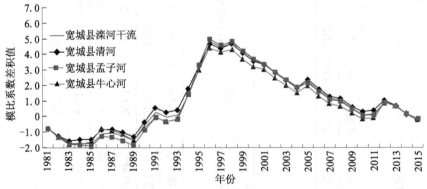

图3-18　宽城县各河流天然年径流模比系数差积曲线（二）

从图 3-17、图 3-18 可以看出,宽城县各分区地表水资源的年际变化趋势基本一致。

在 1981~2015 年的 35 年间,1981~1983 年,曲线略有下降,处于偏枯水期;1984~1987 年,曲线略有上升,处于偏丰水期;1988~1989 年,曲线略有下降,处于偏枯水期;1990~1991 年,曲线略有上升,处于偏丰水期;1993~1996 年处于丰水期,曲线整体上升;1999~2004 年和 2006~2010 年曲线出现了下降趋势,处于枯水期;2011~2012 年曲线略有上升,处于偏丰水期;2013~2015 年曲线又出现了下降趋势,处于枯水期。

宽城县各分区天然年径流量年际变化呈现明显的连续偏丰和连续偏枯的特点,最长的连丰年是 1993~1996 年,最长的连枯年是 1999~2004 年。这种径流量的年际变化特点对于宽城县居民生活和生产用水来说都是很不利的,对于连续多年的干旱,其抗旱任务非常艰巨。

3.年内分配

地表水资源年内分配的特点与降水年内变化的规律相似,但由于下垫面因素的影响,径流的年内分配与降水又有所不同。由于资料的局限性,本书以宽城水文站资料为依据,从全年连续最大 4 个月径流量来看,大部分出现在 7~10 月(16 年)和汛期 6~9 月(15 年),个别年份出现在 5~8 月(4 年),连续最大 4 个月径流量占全年径流量的 31.4%~84.5%;汛期占全年径流量的 29.5%~82.5%。宽城县河流均为源短流急的山溪性河流,多年平均情况下最大 4 个月天然年径流量占全年径流量的 58.1%,宽城水文站多年平均径流量年内分配情况详见表 3-10,不同频率水资源量年内分配成果详见表 3-11。

3.4.5　地下水资源量

3.4.5.1　地下水资源量计算

与地表水资源一样,地下水资源是水资源的重要组成部分,是支撑经济社会可持续发展和维系良好生态环境的重要资源。本次地下水评价的对象是浅层地下水,地下水资源量是指浅层地下水中参与水循环且可以逐年更新的动态水量。

地下水补给量包括降水入渗补给量、河道渗漏补给量、水库(湖泊、塘坝)渗漏补给量、渠系渗漏补给量、侧向补给量、渠灌入渗补给量、越流补给量、人工回灌补给量及井灌回归量。各项补给量之和为总补给量,总补给量扣除井灌回归补给量为地下水资源量。地下水排泄量包括潜水蒸发量、河道排泄量、侧向流出量、越流排泄量、地下水实际开采量,各项排泄量之和为总排泄量。随着开采量的增加,地下水的补给、径流、排泄条件在一定区段会产生变化,在开采量较大的地区,由地下水补给河道地表水,转变成河道地表水渗漏补给地下水。

宽城县整体上属于一般山丘区,根据《水资源评价导则》(SL/T 238—1999),山丘区地下水资源数量评价可只进行排泄量计算。山丘区地下水排泄量包括河川基流量、山前泉水出流量、山前侧向流出量、河床潜流量、潜水蒸发量和地下水实际开采净消耗量,各项排泄量之和为总排泄量,即为地下水资源量,计算公式为

$$Q_{总排} = R_g + Q_泉 + Q_侧 + Q_潜 + Q_蒸 + Q_耗$$

式中:$Q_{总排}$ 为山丘区地下水总排泄量;R_g 为河川基流量;$Q_泉$ 为未计入河川径流量的山前泉水出流量;$Q_侧$ 为山前侧向流出量;$Q_潜$ 为河床潜流量;$Q_蒸$ 为潜水蒸发量;$Q_耗$ 为地下水实际开采净消耗量。

表3-10 宽城水文站多年平均径流量年内分配

各月径流量百分比（%）

年份	1月	2月	3月	4月	5月	6月	7月	8月	9月	10月	11月	12月	汛期	最大4个月	全年
1981	4.8	5.5	13.6	9.7	5.8	6.9	9.5	8.9	11.4	11.1	9.3	3.4	36.7	40.9	100
1982	2.1	3.6	9.0	6.9	6.3	6.0	10.1	26.5	9.0	9.1	8.5	3.0	51.6	54.6	100
1983	1.7	1.6	5.3	6.6	6.5	5.3	11.4	41.5	6.9	5.8	5.2	2.2	65.1	65.5	100
1984	0.8	1.0	3.1	3.4	2.6	8.7	4.3	52.8	10.3	5.8	4.7	2.5	76.1	76.1	100
1985	1.7	2.3	4.4	3.7	5.8	6.1	14.3	34.6	15.2	5.6	3.7	2.6	70.2	70.2	100
1986	1.2	1.3	2.6	2.4	1.9	2.3	25.4	13.1	32.4	9.5	4.7	3.2	73.2	80.3	100
1987	4.2	3.4	5.7	5.6	4.7	7.5	12.4	20.5	18.3	7.6	5.6	4.4	58.7	58.8	100
1988	5.1	5.2	8.5	8.0	6.0	6.1	6.9	14.8	21.6	8.3	5.5	4.1	49.4	51.5	100
1989	4.1	5.2	7.2	5.9	4.9	7.1	19.3	14.9	11.5	8.5	7.2	4.3	52.8	54.1	100
1990	0.8	1.2	2.1	2.3	2.9	3.9	17.8	32.4	19.9	7.8	5.2	3.5	74.0	77.9	100
1991	2.3	2.4	3.5	3.6	2.8	20.0	31.7	17.8	6.7	3.9	3.4	1.8	76.2	76.3	100
1992	5.0	5.9	9.2	8.4	6.7	5.9	8.5	25.7	9.1	6.6	5.2	3.8	49.2	49.9	100
1993	1.6	1.8	3.8	3.3	2.6	3.7	23.5	35.4	11.4	5.3	4.5	3.1	74.0	75.5	100
1994	1.3	1.2	2.0	1.8	2.2	1.8	46.5	27.5	6.7	3.8	3.0	2.1	82.5	84.5	100
1995	1.4	1.5	2.0	1.6	1.7	3.0	25.1	44.2	9.8	4.7	3.1	2.0	82.1	83.7	100
1996	1.8	1.9	2.9	2.6	2.1	2.5	10.6	56.0	8.5	4.8	3.5	2.7	77.6	79.9	100
1997	5.5	7.0	9.0	7.4	6.2	8.4	9.8	21.0	10.2	6.4	4.9	4.2	49.4	49.3	100
1998	1.9	2.4	4.1	3.8	5.2	3.7	39.3	17.0	8.7	5.2	4.6	4.0	68.7	70.3	100

续表 3-10

各月径流量百分比（%）

年份	1月	2月	3月	4月	5月	6月	7月	8月	9月	10月	11月	12月	汛期	最大4个月	全年
1999	6.7	8.1	11.6	11.5	10.2	11.3	9.8	7.6	8.5	4.6	5.2	5.0	37.2	38.8	100
2000	3.8	4.0	10.3	9.4	9.0	7.8	8.2	23.1	10.7	4.9	4.9	4.0	49.8	49.8	100
2001	1.8	2.3	2.9	3.6	4.3	9.1	16.3	29.1	12.3	7.4	5.5	5.5	66.8	66.8	100
2002	8.6	7.1	7.1	8.8	8.9	9.2	9.3	14.3	9.2	5.9	6.1	5.7	42.0	42.0	100
2003	4.2	3.8	5.0	7.5	7.4	11.3	17.4	14.8	8.7	7.4	6.3	6.2	52.2	52.2	100
2004	7.6	7.0	5.2	7.0	9.2	11.7	12.7	12.1	9.8	6.0	5.8	5.9	46.3	46.3	100
2005	2.0	1.9	2.0	2.3	2.8	14.1	10.1	42.8	9.3	5.8	3.7	3.0	76.0	76.3	100
2006	9.5	8.6	8.9	9.7	9.2	8.4	10.0	9.9	8.3	6.7	5.8	5.0	36.6	37.5	100
2007	6.1	5.0	6.4	8.6	9.2	10.0	10.5	14.8	9.6	6.3	6.7	6.8	44.9	44.9	100
2008	3.5	2.8	3.4	5.8	5.8	6.1	28.5	13.1	10.5	7.5	6.9	6.2	58.2	59.6	100
2009	7.4	5.7	6.5	9.5	11.1	11.1	11.3	11.1	9.0	6.3	6.1	4.9	42.5	44.7	100
2010	3.8	3.5	3.7	7.2	7.7	10.0	12.7	13.1	10.6	11.4	10.2	6.1	46.4	47.8	100
2011	3.0	2.7	2.8	3.6	3.9	4.2	19.6	28.8	14.4	8.1	4.7	4.1	67.0	70.9	100
2012	2.1	1.7	1.8	2.7	2.6	5.0	16.3	48.0	8.1	4.6	4.5	2.4	77.4	77.5	100
2013	6.0	5.1	5.5	7.0	7.2	7.7	15.2	11.0	9.3	7.3	9.3	9.3	43.2	43.2	100
2014	10.9	8.9	9.0	8.7	9.7	8.2	6.9	6.6	7.9	5.8	7.4	10.0	29.6	31.4	100
2015	8.1	6.9	7.0	7.2	7.6	10.3	14.3	16.7	8.6	5.2	4.0	4.2	49.9	49.9	100
平均	4.1	4.0	5.6	5.9	5.8	7.6	15.9	23.5	11.2	6.6	5.6	4.3	58.2	59.4	100

表 3-11　宽城县不同频率水资源量年内分配成果

分区	频率	出现年份	各月径流量百分比（%）												全年	汛期	最小期
			1月	2月	3月	4月	5月	6月	7月	8月	9月	10月	11月	12月			
瀑河	20%	2005	409	327	553	538	453	722	1 196	1 978	1 761	729	541	420	9 627	5 657	327
	50%	1997	177	164	174	339	360	467	595	614	494	531	476	287	4 678	2 170	164
	75%	2002	224	208	153	207	270	345	376	358	289	178	171	175	2 954	1 368	153
	95%	1981	111	126	313	223	134	159	218	205	261	255	213	78	2 296	843	78
	多年平均		274	269	379	398	389	508	1 067	1 578	753	444	374	290	6 723	3 906	269
青龙河	20%	2005	342	273	462	450	379	604	1 000	1 653	1 472	610	452	351	8 048	4 729	273
	50%	1997	141	130	138	268	286	370	472	487	392	421	378	227	3 710	1 721	130
	75%	2002	161	150	110	149	195	249	271	258	208	128	124	126	2 129	986	110
	95%	1981	72	81	201	143	86	102	140	132	168	164	137	50	1 476	542	50
	多年平均		222	218	307	323	315	411	864	1 278	610	359	303	235	5 445	3 163	218
长河	20%	2005	269	216	365	355	299	476	789	1 304	1 161	481	357	277	6 349	3 730	216
	50%	1997	118	109	116	225	240	310	396	409	329	354	317	191	3 114	1 444	109
	75%	2002	149	139	102	138	180	230	251	239	192	118	114	117	1 969	912	102
	95%	1981	73	83	207	147	88	105	144	136	172	168	140	51	1 514	557	51
	多年平均		181	177	250	263	257	335	704	1 041	497	293	247	192	4 437	2 577	177

续表 3-11

分区	频率	出现年份	各月径流量百分比（%）												全年	汛期	最小月
			1月	2月	3月	4月	5月	6月	7月	8月	9月	10月	11月	12月			
滦河干流	20%	2005	42	34	57	55	47	74	123	203	181	75	56	43	990	581	34
	50%	1997	19	17	18	35	38	49	62	64	52	55	50	30	489	227	17
	75%	2002	23	21	16	21	28	35	38	37	30	18	18	18	303	140	16
	95%	1981	11	12	30	21	13	15	21	20	25	25	21	8	222	81	8
	多年平均		28	27	39	41	40	52	109	161	77	45	38	30	687	399	27
清河	20%	2005	44	35	59	58	49	77	128	212	189	78	58	45	1 032	606	35
	50%	1997	20	18	19	38	40	52	66	68	55	59	53	32	520	241	18
	75%	2002	23	22	16	22	28	36	39	38	30	19	18	18	309	143	16
	95%	1981	10	11	27	19	12	14	19	18	23	22	19	7	201	74	7
	多年平均		29	28	40	42	41	53	112	165	79	46	39	30	704	409	28
孟子河	20%	2005	125	100	169	164	138	220	365	604	537	223	165	128	2 938	1 726	100
	50%	1997	53	49	52	102	108	140	179	184	148	159	143	86	1 403	651	49
	75%	2002	67	62	46	62	81	103	113	107	87	53	51	52	884	410	46
	95%	1981	34	38	95	68	41	48	66	62	79	77	65	24	697	255	24
	多年平均		84	82	116	122	119	155	326	481	230	135	114	89	2 053	1 192	82
牛心河	20%	2005	49	39	66	64	54	87	143	237	211	87	65	50	1 152	678	39
	50%	1997	22	20	22	42	45	58	74	76	61	66	59	36	581	269	20
	75%	2002	27	25	19	25	33	42	46	44	35	22	21	21	360	167	19
	95%	1981	13	14	35	25	15	18	25	23	30	29	24	9	260	96	9
	多年平均		33	32	45	47	46	60	127	188	90	53	45	35	801	465	32

在研究范围内,由于山前泉水出流量、山前侧向流出量、河床潜流量和潜水蒸发量所占比重较小,可以忽略不计;另外,本书已将傍河地下水实际开采净消耗量还原到天然径流量即地表水资源量中,此处不再累加,所以宽城县地下水资源量可简化为河川基流量。

河川基流量是山丘区地下水的主要排泄项。控制站河川基流量采用直线斜割法计算,计算分区河川基流量采用水文比拟法。

经分析计算,宽城县多年平均地下水资源量为 12 119 万 m³,占河天然年径流量的72.1%;20%、50%、75%和95%频率地下水资源量分别为 18 739 万 m³、11 844 万 m³、9 073万 m³、7 095 万 m³,详见表3-12。

表3-12　宽城县各河流基流量特征值统计

分区	年均值（万 m³）	不同频率基流量（万 m³）			
		20%	50%	75%	95%
瀑河	3 932	6 040	3 854	2 954	2 296
青龙河	3 137	5 050	3 057	2 130	1 476
长河	2 581	3 984	2 565	1 969	1 516
滦河干流	399	620	402	302	221
清河	414	648	429	310	200
孟子河	1 187	1 844	1 156	886	696
牛心河	469	724	478	361	260
全县	12 119	18 739	11 844	9 073	7 095

3.4.5.2　地下水资源时空分布特征

1.地区分布

地下水径流模数也称"地下径流率",是指 1 km² 含水层分布面积上地下水的径流量,表示一个地区以地下径流形式存在的地下水量的大小。

根据统计分析成果,宽城县多年平均地下水径流模数为 6.21 万 m³/km²,各河地下水径流模数相差不大,为 5.98 万～6.66 万 m³/km²,其中处于宽城县南部的长河和牛心河较大,分别为 6.60 万 m³/km² 和 6.66 万 m³/km²;东部的青龙河较小,为 5.98 万 m³/km²,详见表3-13。

表3-13　宽城县各分区多年平均地下水资源量成果

分区	计算面积（km²）	统计年限	平均值（万 m³）	地下水径流模数（万 m³/km²）
瀑河	645.6	1981～2015	3 932	6.09
青龙河	524.2	1981～2015	3 137	5.98
长河	391.1	1981～2015	2 581	6.60

续表 3-13

分区	计算面积（km²）	统计年限	平均值（万 m³）	地下水径流模数（万 m³/km²）
滦河干流	63.9	1981～2015	399	6.25
清河	69.2	1981～2015	414	5.99
孟子河	187.6	1981～2015	1 187	6.33
牛心河	70.4	1981～2015	469	6.66
全县	1 952	1981～2015	12 120	6.21

2.年际变化

不同类型区地下水的入渗条件和补给条件差别极大,地下水资源量的年际变化也因之而异。

通过对 1981～2015 年基流系数分析,宽城县多年平均基流系数(基流量占天然年径流量的比重)为 0.721,最大值为 1.0,最小值为 0.288,极值比为 3.5,大于同期降水量极值比(2.4),小于同期年地表水资源量的极值比(8.6),详见表 3-14。

表 3-14 宽城县基流系数极值统计

分区	统计年限	平均值	最大值	出现年份	最小值	出现年份	极值比
宽城县	1981～2015	0.721	1.0	2004	0.288	1994	3.5

3.4.6 水资源总量

3.4.6.1 宽城县水资源总量

区域的水资源总量为当地降水形成的地表水和地下水的产水总量,由于地表水和地下水相互联系又相互转化,河川径流量中的基流部分是由地下水补给的,而地下水补给量中又有一部分来源于地表水入渗,因此计算水资源总量时应扣除二者之间相互转化的重复计算部分。

由于傍河地下水开采净消耗部分已还原到天然的径流量中,因此水资源总量即为天然年径流量。

宽城县多年平均水资源总量为 20 844 万 m³,20%、50%、75% 和 95% 频率水资源总量分别为 29 862 万 m³、14 377 万 m³、9 073 万 m³、7 095 万 m³。不同频率水资源总量特征值见表 3-15。

根据宽城县统计局提供的 2015 年社会经济统计资料,宽城县现状(2015 年)共有人口 25.85 万人,耕地面积 19.40 万亩,计算得人均水资源量 806.3 m³,亩均水资源量 1 074.4 m³,远远低于全国人均水资源量 2 100 m³ 的平均水平,属严重缺水地区。

宽城县各分区人均、亩均水资源量情况统计详见表 3-16。

表 3-15 宽城县各河流水资源总量特征值统计

分区	计算面积（km²）	统计年限	年数	统计参数			不同频率水资源总量（万 m³）			
				年均值（万 m³）	C_v	C_s/C_v	20%	50%	75%	95%
瀑河	645.6	1981~2015	35	6 723	0.84	3.0	9 626	4 679	2 954	2 296
青龙河	524.2	1981~2015	35	5 445	0.90	2.7	8 048	3 710	2 130	1 476
长河	391.1	1981~2015	35	4 435	0.83	3.0	6 349	3 114	1 969	1 516
滦河干流	63.9	1981~2015	35	684	0.82	2.9	988	488	302	221
清河	69.2	1981~2015	35	705	0.80	2.7	1 032	521	310	200
孟子河	187.6	1981~2015	35	2 051	0.86	3.0	2 939	1 404	886	696
牛心河	70.4	1981~2015	35	800	0.80	2.9	1 153	581	361	260
合计	1 952	1981~2015	35	20 848	0.85	3.0	29 862	14 377	9 073	7 095

表 3-16 宽城县各分区人均、亩均水资源量情况统计

分区	水资源总量（万 m³）	人口（万人）	耕地面积（万亩）	人均水资源量（m³）	亩均水资源量（m³）
瀑河	6 723	11.90	7.71	565.0	872.0
青龙河	5 445	4.34	6.50	1 255	837.7
长河	4 435	6.45	3.86	687.6	1 149
滦河干流	684	0.16	0.05	4 276	13 685
清河	705	0.62	0.36	1 137	1 957
孟子河	2 051	1.61	0.57	1 274	3 599
牛心河	800	0.77	0.35	1 039	2 287
合计	20 844	25.85	19.40	806.3	1 074.4

从各流域来看,宽城县滦河干流大部分为潘家口水库库区,因此人口稀少,地表径流丰富,人均和亩均水资源量最大,分别为 4 276 m³、13 685 m³。宽城县城区位于瀑河,是经济文化中心,第二、三产业较发达,人口聚集,因此该区域人均水资源量和亩均水资源量较小,仅为 565.0 m³、872.0 m³;长河区域选矿业发达,聚集了峪耳崖金矿、承德天宝矿业集体有限公司宝丰矿业等多个铁选厂,为宽城县经济第二发达区,人均水资源量为 687.6 mm³,

略小于瀑河;青龙河区域耕地面积较多,亩均水资源量最小,为 837.7 m³;其他河流人均水资源量为 1 039~1 274 m³,亩均水资源量为 1 149~3 599 m³/亩。

3.4.6.2 产水系数和产水模数

产水系数为区域产水总量占降水总量的比例,产水模数为平均每平方千米的产水量。本书按各县、各河和各水系分别进行统计,计算不同分区的产水系数和产水模数,计算结果详见表 3-17。

表 3-17 宽城县各分区产水系数和产水模数成果

分区	计算面积 (km²)	降水量 (mm)	降水总量 (万 m³)	多年平均 自产水资源量 (万 m³)	产水系数	产水模数 (万 m³/km²)
瀑河	645.6	614.2	39 652	6 723	0.169 6	10.41
青龙河	524.2	597.0	31 298	5 445	0.174 0	10.39
长河	391.1	663.7	25 955	4 435	0.170 9	11.34
滦河干流	63.9	630.2	4 029	684	0.169 8	10.70
清河	69.2	606.1	4 194	705	0.168 0	10.18
孟子河	187.6	636.8	11 946	2 051	0.171 7	10.93
牛心河	70.4	671.4	4 726	800	0.169 4	11.37
合计	1 952	623.9	121 800	20 843	0.171 1	10.68

1.产水系数

宽城县多年平均产水系数为 0.171 1。从各河来看,各河产水系数相差不大,为 0.168 0~0.174 0,青龙河产水系数最大,为 0.174 0,孟子河次之,为 0.171 7;清河、牛心河产水系数相对较小,分别为 0.168 0、0.169 4。

2.产水模数

宽城县多年平均产水模数为 10.68 万 m³/km²。从各分区来看,产水系数相差较小,为 10.18 万~11.37 万 m³/km²,产水模数最大的宽城县南部的牛心河和长河,分别为 11.37 万 m³/km²、11.34 万 m³/km²;清河、青龙河和瀑河产水模数较小,分别为 10.18 万 m³/km²、10.39万 m³/km² 和 10.41 万 m³/km²。

3.4.7 水资源统计系列比较

宽城县降水量和径流量的年际变化都较大,分别计算 5 个统计系列的多年平均降水量及天然年径流量,计算结果见表 3-18。

从表 3-18 中数据可以看出,1981~1990 年系列与多年平均(1981~2015 年)系列相比,降水量相差不大,仅少 1.2 mm,少 0.2%,径流量少 1 583 万 m³,少了 7.6%;1991~2000

年系列与多年平均(1981~2015 年)系列相比,降水量多了 35.9 mm,多了 5.8%,径流量多了 10 110 万 m³,多了 48.5%;2001~2010 年系列与多年平均(1981~2015 年)系列相比,降水量少了 40.6 mm,少 6.5%,径流量少了 8 313 万 m³,少 39.9%;近五年,2011~2015 年系列与多年平均(1981~2015 年)系列相比,降水量多了 11.8 mm,多 1.9%,径流量却少了 429 万 m³,少 2.1%。

表 3-18　宽城县不同系列降水量和径流量成果比较

统计年限	系列	降水量			径流量		
		年均值（mm）	与 35 年系列比较		年均值（万 m³）	与 35 年系列比较	
			mm	%		万 m³	%
10	1981~1990	622.7	−1.2	−0.2	19 261	−1 583	−7.6
10	1991~2000	659.9	35.9	5.8	30 954	10 110	48.5
10	2001~2010	583.3	−40.6	−6.5	12 531	−8 313	−39.9
5	2011~2015	635.8	11.8	1.9	20 415	−429	−2.1
35	1981~2015	623.9			20 848		

3.4.8　入境水量

宽城县入境水量指各河流流入该区域可被利用水量,其中长河、清河、孟子河和牛心河均发源于本县,为境内河流,无入境水量;滦河干流在本县境内为潘家口水库库区,青龙河发源于平泉县,流经辽宁省凌原市后于宽城县东部大石柱乡绊马河村流入,干流仅涉及大石柱子 1 个乡(11 个行政村),该乡距县城较远(约 50 km),经济欠发达,因此滦河干流和青龙河入境水量对宽城县贡献不大,本书不予考虑。瀑河流出平泉后,于宽城县龙须门镇老亮子村入,瀑河口汇入潘家口水库,贯穿整个宽城县城区,因此瀑河入境水量做为本书研究重点。

降水量采用大庙、沙坨子、平泉、南五十家子、东门杖子和党坝等 6 个雨量站资料,采用网格法计算;水资源量采用平泉和宽城 2 个水文站的资料,采用水文比拟法计算,经分析计算求得:平泉瀑河多年平均降水量为 532.3 mm,多年平均天然年径流量(水资源总量)为 11 036 万 m³。不同频率成果详见表 3-19 和表 3-20。

天然年径流量月分配采用宽城水文站资料,分配成果详见表 3-21。

扣除平泉县不同水平年用水净消耗量,宽城县瀑河现状多年平均入境水量为 9 113 万 m³,95%频率入境水量为 1 499 万 m³;2020 年多年平均入境水量为 8 949 万 m³,95%频率入境水量为 1 351 万 m³;2030 年多年平均入境水量为 8 913 万 m³,95%频率入境水量为 1 287 万 m³,详见表 3-22。

表 3-19　平泉县瀑河年降水量特征值

分区	计算面积（km²）	统计年限	年数	统计参数			不同频率年降水量（mm）			
				年均值（mm）	C_v	C_s/C_v	20%	50%	75%	95%
平泉瀑河	1 341.8	1981~2015	35	532.3	0.22	3.68	623.6	516.6	446.4	370.1

表 3-20　平泉县瀑河天然年径流量特征值统计

分区	计算面积（km²）	统计年限	年数	统计参数			不同频率年径流量（万 m³）			
				年均值（mm）	C_v	C_s/C_v	20%	50%	75%	95%
平泉瀑河	1 341.8	1981~2015	35	11 036	0.82	3.1	15 651	7 742	5 015	3 986

表 3-21　平泉县瀑河天然年径流量月分配

频率	出现年份	各月径流量（万 m³）												全年	汛期	最小月
		1 月	2 月	3 月	4 月	5 月	6 月	7 月	8 月	9 月	10 月	11 月	12 月			
20%	1986	664	532	899	875	737	1 174	1 944	3 215	2 863	1 186	880	682	15 651	9 196	531.6
50%	1997	294	272	288	560	596	772	984	1 017	817	879	788	475	7 742	3 590	271.8
75%	2002	243	276	683	487	293	347	476	449	570	556	465	170	5 015	1 842	170.2
95%	1981	193	219	543	387	233	276	378	357	453	442	369	135	3 985	1 464	135.3
多年平均		449	441	622	654	639	834	1 752	2 590	1 236	728	615	477	11 037	6 412	441.0

表 3-22 宽城县瀑河入境水量特征值统计

水平年	年均值（万 m³）	不同频率入境水量（万 m³）			
		20%	50%	75%	95%
现状 2015 年	9 113	14 412	6 300	2 683	1 499
2020 年	8 949	14 248	6 136	2 608	1 351
2030 年	8 913	14 212	6 101	2 569	1 287

3.4.9 水资源特点

（1）水资源补给年内分配极不均匀，给水资源开发利用带来了困难。

全年降水量的 61.5%~83.9% 集中在汛期（6~9 月），整个非汛期 8 个月的降水量仅占全年降水量的 16.1%~38.5%。特别是丰水年，汛期占全年降水量的比重更大，最多达到 85% 以上。降水的年内分配不均导致径流在年内分配也不均匀，多年平均情况下，全年径流量的 58.1% 集中在汛期（6~9 月）4 个月，整个非汛期（8 个月）的径流量仅占全年径流量的 41.9%，特别是丰水年汛期占全年的径流量的比重达 80% 以上，然而在农业大量需水的 4 月、5 月径流量较小，仅占全年径流量的 3.3%~21.7%，甚至经常出现河流断流的情况。水资源年内分配的不均衡性给水资源的利用带来了很大困难，汛期的洪水很难利用，枯季又无水可用。

（2）水资源年际变化异常悬殊。

宽城县降水量和径流量的年际变化也很大，最大年降水量为 905.5 mm（2012 年），最小年降水量为 380.6 mm（1999 年），最大年降水量为最小年降水量的 2.4 倍，宽城县大部分河流降水量的 C_v 值为 0.23~0.26；天然年径流量特征值 C_v 值在 0.80 以上，青龙河最大达 0.90，全县 1994 年径流量最大，为 62 114 万 m³；1981 年最小，为 7 205 万 m³，最大年径流量是最小年径流量的 8.6 倍。

宽城县地下水主要表现为河川基流，受地表水变化过程的影响，地下水也呈现不均匀变化的特性。

（3）水资源的区域分布与生产力布局不相匹配。

宽城县的社会经济主要集中在瀑河，人口数量、耕地面积、第二、三产业增加值分别占全县的 46.0%、39.7% 和 65.1%，水资源总量占全县的 32.3%，人均水资源量为 565.0 m³，亩均水资源量为 872.0 m³，本区域是宽城县人口最多、占地面积最大、经济较发达、水资源较为缺乏的地区。

长河的水资源量占全县水资源量的 21.3%，人口占全县人口的 25.0%，耕地面积占 19.9%，第二、三产业增加值占全县的 16.4%，人均水资源量为 687.6 m³，亩均水资源量为 1 149.0 m³，是宽城县经济一般发达水资源缺乏地区。

滦河干流、清河、孟子河和牛心河这 4 个区域面积较小，除孟子河 187.6 km² 外，其他区域均不超过 100 km²。这 4 个区域由于降水量大，地表径流丰富，且经济不发达，人均水资源量为 1 039~4 276 m³, 亩均水资源量为 1 957~13 685 m³, 是全县人少、地少、经济欠发达、水资源相对丰富的地区。

3.5　水质与水环境

3.5.1　地表水水质

3.5.1.1　评价内容及使用资料年限

评价内容包括单因子、水化学类型、总硬度、矿化度以及综合污染指数等指标。评价标准采用《地面水环境质量标准》(GB 3838—2002) 和《地表水资源质量评价技术规程》(SL 395—2007)。评价方法与《全国水资源综合规划技术细则》和《河北省水资源评价技术细则》等要求一致。

本次地表水水质评价采用 2011~2015 年的 5 年水质资料系列, 并以 2015 年为基准年。用各代表断面 1~12 月监测数值的算术平均值作为年均值进行水质评价, 各断面连续 5 年的年均值资料能够满足近期水质趋势分析需要。

水质保护是水环境保护的主要内容。水质状况的好坏直接关系到人类的生存和发展。地表水是生活用水和生产用水的主要来源, 也是废水直接排入的对象。因此, 对地表水水质状况进行评价, 对于了解和掌握水资源状况, 保护水资源和开发利用水资源都具有十分重要的意义。

地表水水质是指地表水体的物理、化学和生物学的特征和性质。为有效掌握宽城县地表水水质状况, 对宽城县所辖的地表水体设置监测站点, 定期进行水质监测, 以便动态了解和掌握地表水质的状况。在宽城县境内布设的地表水水质监测站点共有 1 个, 基本情况详见表 3-23。

表 3-23　宽城县地表水质监测站一览

水系	河名	行政区	站名	类别	地点	代表河长(km)
滦河	瀑河	宽城县	宽城	基本	河北省宽城县城关	63

依据现有的水质资料(2011~2015 年), 对宽城县地表水水质状况进行评价, 评价内容包括地表水的水化学类型、现状水质、水质变化趋势、水功能区水质达标情况。

3.5.1.2　地表水天然水化学特征评价

1.水化学类型分析

1)采用方法

(1)按优势阴离子将地表水划分为三类:重碳酸盐类、硫酸盐类和氯化物类。

(2)在每一类中,按优势阳离子将地表水划分为三组:钙组、镁组和钠组(钾加钠)。

(3)按阴阳离子间摩尔浓度的相对比例关系将地表水划分为四型:

①I 型: $[HCO_3^-] > 2[Ca^{2+}] + 2[Mg^{2+}]$;

②II 型: $[HCO_3^-] < 2[Ca^{2+}] + 2[Mg^{2+}] < [HCO_3^-] + 2[SO_4^{2-}]$;

③III 型: $[HCO_3^-] + 2[SO_4^{2-}] < 2[Ca^{2+}] + 2[Mg^{2+}]$, 或 $[Cl^-] > [Na^+]$;

④Ⅳ型：$[HCO_3^-]=0$。

（4）水化学类型应采用符号表示，写成类（组、型）的形式，其中，"类"采用阴离子（C、S、Cl）符号表示，"组"采用阳离子（Na、Ca、Mg）符号表示，"型"采用罗马数字表示。

2）分析结果

根据2015年实测资料，对宽城县进行水化学类型分析，结果显示，宽城站水化学类型为C（Ca，Ⅲ）水。这说明宽城县所辖河流水体中，阴离子含量最多的离子是重碳酸盐类，阳离子含量最多的离子为钙离子。Ⅲ型水的特点是 $HCO_3^-+SO_4^{2-}<Ca^{2+}+Mg^{2+}$，或 $Cl^->Na^+$，详见表3-24。

表3-24　2015年承德市地表水监测断面水化学类型　　　　　（单位：mg/L）

河流	测站名称	钙	镁	钾	钠	氯化物	硫酸盐	碳酸盐	重碳酸盐	水化学类型
瀑河	宽城	80.4	31.0	5.4	30.4	54.6	76.7	2.7	224	C（Ca，Ⅲ）

2.总硬度评价

地表水总硬度采用与"Ca、Mg"含量对应的 $CaCO_3$ 量表示，地表水总硬度评价标准及分级方法详情见表3-25。

表3-25　地表水总硬度评价标准及分类方法

级别	标准值（mg/L）	评价类型
一	<25	极软水
	25~55	
二	55~100	软水
	100~150	
三	150~300	适度硬水
四	300~450	硬水
五	≥450	极硬水

宽城县现状地表水总硬度为325 mg/L，根据表3-25的相关规定，可以得出宽城县地表水评价类型为硬水。

3.矿化度评价

地表水矿化度评价标准及分级方法应符合表3-26的规定。

表 3-26　地表水总硬度评价标准及分类方法

级别	标准值（mg/L）	评价类型
一	<50	低矿化度
	50～100	
二	100～200	较低矿化度
	200～300	
三	300～500	中等矿化度
四	500～1 000	较高矿化度
五	≥1 000	高矿化度

监测结果显示,宽城站矿化度为 646 mg/L,根据表 3-26 的评价标准,属较高矿化度。

3.5.1.3　河流水质现状评价

根据基准年 2015 年宽城县各代表断面的水质监测资料,按照水质评价标准,采用单项标准对照法对各分区(河流)进行评价。

1.评价标准和评价方法

评价标准采用《地面水环境质量标准》(GB 3838—2002),将水质分为Ⅰ、Ⅱ、Ⅲ、Ⅳ、Ⅴ及劣Ⅴ类。

Ⅰ类:主要适用于源头水,国家自然保护区;

Ⅱ类:主要适用于集中式生活饮用水水源地一级保护区、珍贵鱼类保护区、鱼虾产卵场等;

Ⅲ类:主要适用于集中式生活饮用水水源地二级保护区、一般鱼类保护区及游泳区;

Ⅳ类:主要适用于一般工业用水区及人体非直接接触的娱乐用水区;

Ⅴ类:主要适用于农业用水区及一般景观要求水域。

对宽城县多年地表水水质监测资料进行分析,选取了对宽城县地表水水质类别有影响的 17 项参数进行评价,主要包括 pH 值、氯化物、硫酸盐、溶解氧、高锰酸盐指数、氨氮、硝酸盐氮、砷、氰化物、挥发酚、汞、六价铬、镉、铅、铜、铁、氟化物。

2.河流现状水质评价

依据 2015 年水质监测成果,以 2015 年监测资料的年度均值作为评价数据,采用单因子对照法评价出各分区(河流)的水质类别。

根据单因子评价,宽城站地表水质类别为Ⅲ类。

同时为反映各河段的污染程度,采用综合污染指数法对各河段进行指数评分。综合污染指数法采用《地面水环境质量标准》(GB 3838—2002)中的第Ⅲ类标准值,计算各河段水质控制站点各项污染指数的分指数和综合污染指数。计算公式如下:

$$P_i = \frac{C_i}{C_{oi}}$$

$$P = \frac{1}{n}\sum_{i=1}^{n} P_i$$

式中：P 为综合污染指数；P_i 为某项污染指标的污染指数；C_i 为某项污染指标实测值，mg/L；C_{oi} 为某项污染指标评价标准，mg/L；n 为污染指标项数。

对 pH 值用下式计算分指数：

$$P_i = \frac{C_i - 7}{8.5 - 7} \qquad \text{pH} \geqslant 7$$

$$P_i = \frac{7 - C_i}{7 - 6.5} \qquad \text{pH} < 7$$

对溶解氧用下式计算分指数：

$$P_i = 0 \qquad\qquad \text{溶解氧} \geqslant 8 \text{ mg/L}$$

$$P_i = 1 - \frac{C_i - C_{oi}}{C_{oi}} \qquad \text{溶解氧为 } 4\sim8 \text{ mg/L}$$

$$P_i = 1 + (C_{oi} - C_i) \qquad \text{溶解氧} \leqslant 4 \text{ mg/L}$$

污染状况分级标准详见表3-27。

表 3-27　污染状况分级标准

综合污染指数	<0.2	0.2~0.4	0.4~0.7	0.7~1.0	1.0~2.0	>2.0
污染程度	清洁	尚清洁	轻污染	中污染	重污染	严重污染

根据综合污染指数法,计算得出宽城站的污染程度指标为0.22,属尚清洁水体。

3.地表水质变化趋势分析

根据2011~2015年的地表水水质监测断面的资料,可以看出,瀑河宽城站近5年的水质情况基本为:2011年为Ⅱ类,2012年为Ⅳ类[主要超标污染物为氟化物(0.1)],2013~2015年均为Ⅲ类,详情见表3-28。

表 3-28　宽城县地表水监测断面趋势分析

河流	监测断面	年份	类别	超标项目及超标倍数
瀑河	宽城	2011	Ⅱ	
		2012	Ⅳ	氟化物(0.1)
		2013	Ⅲ	
		2014	Ⅲ	
		2015	Ⅲ	

3.5.1.4　水功能区水质达标分析

流经宽城县境内的主要河流有瀑河,相关的一级水功能区划有 2 个,分别为瀑河平泉—宽城承德开发利用区(部分在宽城县境内),瀑河宽城—潘家口水库承德、唐山缓冲区。2 个一级水功能区划有 1 个开发利用区,即瀑河平泉—宽城饮用水源区。

在河流水质现状评价的基础上,对宽城县河段水功能区的水质达标情况进行评价,详见表 3-29。从表中可以看出,宽城县现状水功能区水质均达标,满足考核要求。

表 3-29　宽城县现状水功能区达标情况

一级区	二级区	起点	终点	代表断面	水质目标	一季度	二季度	三季度	四季度	全年	2015 年实际达标率	考核结果
瀑河河北承德开发利用区	瀑河河北承德饮用水源区	老亮子	宽城	宽城	Ⅲ	不达标	达标	达标	达标	达标	100%	达标
瀑河河北承德、唐山缓冲区		宽城	大桑园	大桑园	Ⅲ	达标	达标	达标	达标	达标	100%	达标

3.5.2　地下水水质

3.5.2.1　评价方法和使用资料年限

地下水水质是指地下水的物理、化学和生物学特征及性质。本次评价对象为宽城县境内瀑河和长河上的 3 眼地下水质监测井,详见表 3-30。

表 3-30　宽城县地下水水质监测站点一览

县(区)	河流	监测站点	测井位置	东经(°)	北纬(°)	地下水类型	测井分类
宽城县	瀑河	宽城	宽城镇宽城水文站院内	118.3	40.37	潜水	基本
	瀑河	药王庙	龙须门镇药王庙村老院	118.32	40.38	潜水	基本
	长河	大屯	碾子峪乡大屯村供销社	118.28	40.26	潜水	基本

评价方法包括水化学类型、水质综合评价、水质功能评价等指标。评价标准采用《地下水质量标准》(GB/T 14848—93)、《生活饮用水卫生标准》(GB 5749—2006)和《农田灌溉水质标准》(GB 5084—2005)等。评价方法与《全国水资源综合规划技术细则》和《河

北省水资源评价技术细则》等要求一致。

本次地下水水质评价采用 2011～2015 年的 5 年水质资料系列,并且以 2015 年为基准年,资料系列满足评价要求。

3.5.2.2　地下水化学分类

按照 O.A 阿列金分类法对宽城县 3 眼地下水监测井水化学类型进行分析,水化学类型按优势阴离子包括:重碳酸盐、硫酸盐和氯化物三类,按优势阳离子包括:钙组、镁组和钠组(钾加钠),按阴阳离子间摩尔浓度的相对比例关系包括:Ⅰ、Ⅱ、Ⅲ三种类型。经分析,宽城县地下水水化学类型主要为 C(Ca,Ⅲ)型,详见表 3-31。

表 3-31　宽城县现状地下水(水系)水化学类型统计　　　　（单位:mg/L）

河流	站名	钙	镁	钾	钠	氯化物	硫酸盐	碳酸盐	重碳酸盐	水化学类型
瀑河	宽城	154	23.4	2.32	60.8	98.6	76.3	0	284	C(Ca,Ⅲ)
	药王庙	107	23	15	31.8	31.2	86.5	0	249	C(Ca,Ⅲ)
长河	大屯	84.8	29	9.46	29.6	31.1	95.2	0	193	C(Ca,Ⅲ)

3.5.2.3　地下水综合评价

1.评价标准和评价因子

本报告采用《地下水质量标准》(GB/T 14848—2017),将地下水质量划分为五类:

Ⅰ类:主要反映地下水化学组分的天然低背景含量,适用于各类用途;

Ⅱ类:主要反映地下水化学组分的天然较低背景含量,适用于各类用途;

Ⅲ类:以人体健康基准值为依据,适用于集中式生活饮用水水源及工业用水、农业用水;

Ⅳ类:以农业用水和工业用水为依据,除适用于农业用水和部分工业用水外,适当处理后可作生活饮用水;

Ⅴ类:不宜饮用,其他用水可根据使用目的选用。

评价因子包括:pH 值、总硬度、溶解性总固体、硫酸盐、氯化物、铁、锰、挥发酚、高锰酸盐指数、硝酸盐氮、亚硝酸盐氮、氨氮、氟化物、氰化物、汞、砷、镉、六价铬、铅,共计 19 项。

2.评价步骤

首先进行单项组分评价,其方法是将地下水质监测结果的年平均值与地下水质量标准值进行单因子比较,确定其所属水质类别。

根据水质类别与评价分值的换算关系(详见表 3-32)确定各单项因子的 F_i 值。

表 3-32　地下水水质类别与评价分值 F_i 关系

类别	Ⅰ	Ⅱ	Ⅲ	Ⅳ	Ⅴ
F_i	0	1	3	6	10

$$\overline{F} = \frac{1}{n}\sum_{i=1}^{n} F_i$$

用下式计算各单项组分评价值 F_i 的平均值 $\overline{F}$

按下式计算综合评价分值 F

$$F = \sqrt{\frac{\overline{F}^2 + F_{max}^2}{2}}$$

式中: n 为参加评价的项目个数; F_{max} 为各单项组分评价分值 F_i 中最大值。

根据 F 值,按地下水水质综合评价分级(详见表 3-33)确定地下水水质级别。

表 3-33　地下水水质综合评价分级

级别	优良	良好	较好	较差	极差
F	< 0.80	0.80~2.50	2.50~4.25	4.25~7.20	> 7.20

注:1.地热水、矿泉水、盐卤水不参加评价,原因是此法不适宜。

2.单项组分评价时,不同类别标准值相同情况下,从优不从劣。

3.评价结果

地下水水质综合评价是根据综合评价分值 F 与水质级别的关系,将地下水水质质量分为五级:优良、良好、较好、较差、极差。

根据 2011~2015 年宽城县 3 眼地下水监测井的监测资料,进行评价得出综合评价结果,详见表 3-34。

表 3-34　宽城县地下水水质综合评价成果

河名	站名	最大单项水质类别	水质级别
瀑河	宽城	IV	较差
瀑河	药王庙	III	良好
长河	大屯	III	良好

从表 3-34 中数据可以看出,瀑河宽城县地下水水质较差,药王庙站和长河大屯站地下水水质良好。

3.5.2.4　地下水功能评价

1.评价标准

根据地下水的用途,采用相应的水质标准进行地下水水质功能评价。本书以《生活饮用水卫生标准》(GB 5749—2006)与《农田灌溉水质标准》(GB 5084—2005)作为评价标准。各单项水质参数指标详见表 3-35。

2.评价因子和方法

评价因子有:pH 值、总硬度、矿化度(溶解性总固体)、硫酸盐、硝酸盐氮、氯化物、氟化物、挥发酚、氰化物、砷化物、六价铬、铁、锰、镉、铅共 15 项。

按上述评价标准及评价因子,分别对照单项指标进行单井参数评价,以单项最大类别确定该井水质隶属范围。

表 3-35　地下水功能评价分类标准

项目	生活饮用水	农田灌溉用水	说明
pH 值	6.5~8.5	5.5~8.5	
氯化物	250	≤350	
硫酸盐	250		
总硬度	450		
矿化度 (溶解性总固体)	1 000	非盐碱土地区≤1 000 盐碱土地区≤2 000	
硝酸盐氮	20		1.生活饮用水采用 GB 5749—2006 标准;
氰化物	0.05	≤0.5	2.农业灌溉用水采用 GB 5084—2005 标准;
砷化物	0.01	≤0.05(水作、蔬菜) ≤0.1(旱作)	3.本表项目为 1991 年地下水水质调 查评价,海委技术提纲所要求的评 价项目;
挥发酚	0.002	≤1	4.本表所用单位,除 pH 值和标明者 外,均为 mg/L
六价铬	0.05	≤0.1	
汞	0.001	≤0.001	
氟化物	1	一般地区:≤2 高氟区:≤3	
镉	0.005	≤0.01	
铅	0.01	≤0.2	
铁	0.3		
锰	0.1		

3.评价结果

根据 2011~2015 年宽城县 3 眼地下水监测井的监测资料,进行评价得出功能评价结果,详见表 3-36。

表 3-36　宽城县地下水水质功能评价统计

县(区)名	河名	站名	水质功能评价		主要污染物质
			符合饮用水	符合农灌用水	
宽城县	瀑河	宽城	×	√	总硬度(504)
	瀑河	药王庙	√	√	
	长河	大屯	√	√	

从表 3-36 中可以看出,瀑河药王庙站和长河大屯站水质符合饮用水标准,占监测井总数的 66.7% ;所有监测井均符合农灌水标准。

3.5.2.5 水质变化趋势分析

通过对 2011~2015 年宽城县地下水监测井的水质监测资料分析,可以得出地下水水质变化趋势。

1.综合评价趋势

根据 2011~2015 年的水质综合评价成果,按水质级别分类统计详见表 3-37。从表 3-37 中数据可以看出,宽城县地下水质总体来说是一个变好的趋势,具体为由差变好且以 2013 年为拐点。

表 3-37 宽城县地下水水质综合评价趋势分析

站名	河名	年份	最大单项水质类别	水质级别	超标污染物
宽城	瀑河	2011	V	极差	总硬度(725) 溶解性总固体(1 310) 挥发酚(0.003) 硝酸盐氮(39.6) 亚硝酸盐氮(0.14)
		2012	V	极差	总硬度(616) 溶解性总固体(1 200) 硝酸盐氮(34.6)
		2013	V	极差	总硬度(635) 硝酸盐氮(27.0)
		2014	IV	较差	总硬度(480) 硝酸盐氮(20.2)
		2015	IV	较差	总硬度(504)
药王庙	瀑河	2011	V	极差	总硬度(724) 溶解性总固体(1 150) 硝酸盐氮(35.2)
		2012	V	极差	总硬度(703) 溶解性总固体(1 030) 硝酸盐氮(27.0)
		2013	III	良好	
		2014	III	良好	
		2015	III	良好	
大屯	长河	2011	III	良好	
		2012	V	较差	总硬度(474)
		2013	IV	较差	高锰酸盐指数(3.7)
		2014	III	良好	
		2015	III	良好	

2.功能评价趋势

宽城县 2011~2015 年地下水水质功能评价趋势分析详见表 3-38，从表 3-38 中数据可以看出，所有监测井水质均符合农灌用水，也是一个由差变好的趋势且总体变好。

表 3-38　宽城县地下水水质功能评价趋势分析

站名	河名	年份	水质功能
宽城	瀑河	2011	符合农灌要求
		2012	符合农灌要求
		2013	符合农灌要求
		2014	符合农灌要求
		2015	符合农灌要求
药王庙	瀑河	2011	符合农灌要求
		2012	符合农灌要求
		2013	符合饮用要求
		2014	符合饮用要求
		2015	符合饮用要求
大屯	长河	2011	符合饮用要求
		2012	符合农灌要求
		2013	符合饮用要求
		2014	符合饮用要求
		2015	符合饮用要求

第 4 章　区域水资源开发利用情况

4.1　供水工程设施及供水能力

水利工程是指对自然界的地表水和地下水进行控制和调配,以达到除害兴利目的而修建的工程。供水工程是指为社会和国民经济各部门提供用水的所有水利工程。供水工程按类型可分为蓄水工程、引水工程、提水工程和地下水工程,以及污水处理工程、微咸水利用工程和海水淡化工程等。宽城县地处塞外山区,经济发展比较落后,主要的供水工程为蓄水工程、引水工程、提水工程和地下水工程。

4.1.1　供水工程设施现状

2015 年现状宽城县供水工程中:蓄水工程 264 座,总库容 2 756 万 m^3,其中兴利库容 1 841 万 m^3。按工程规模分类:宽城县目前没有大型水库;有中型水库 1 座,位于青龙河支流宽城县苇子沟乡三旗杆村,总库容及兴利库容分别为 1 087 万 m^3、664 万 m^3;小型水库 6 座(长河、清河、孟子河分别有 2 座),总库容及兴利库容分别为 271.4 万 m^3、110.1 万 m^3;塘坝 257 座,总库容及兴利库容分别为 1 398 万 m^3、1 067 万 m^3;引水工程 21 座,提水工程 524 座;地下水工程(机井) 2 963 眼,详见表 4-1~表 4-3。

表 4-1　宽城县蓄水工程(水库)统计

分区	中型水库					小型水库				
	中型(座)	总库容(万 m^3)	兴利库容(万 m^3)	设计供水能力(万 m^3)	现状供水能力(万 m^3)	小型(座)	总库容(万 m^3)	兴利库容(万 m^3)	设计供水能力(万 m^3)	现状供水能力(万 m^3)
瀑河										
青龙河	1	1 087	664	579	579					
长河						2	69.1	36.7	32.3	32.3
滦河干流										
清河						2	34.5	22.9	20.2	20.2
孟子河						2	167.8	50.5	44.5	44.5
牛心河										
合计	1	1 087	664	579	579	6	271.4	110.1	97.0	97.0

表4-2   宽城县蓄水工程(塘坝)统计

分区	塘坝				
	塘坝 (座)	总库容 (万 m³)	兴利库容 (万 m³)	设计供水能力 (万 m³)	现状供水能力 (万 m³)
瀑河	62	318.0	260.4	208.3	208.3
青龙河	50	268.8	235.4	188.4	188.4
长河	83	520.0	328.0	262.4	262.4
滦河干流					
清河	10	34.4	25.9	20.7	20.7
孟子河	30	212.8	182.4	155.8	152.0
牛心河	22	44.0	35.2	28.2	28.2
合计	257	1 398	1 067.3	863.8	860.0

表4-3   宽城县引提水工程及地下水源井统计

分区	引水工程			提水工程			地下水源井
	总数 (座)	设计引水能力 (万 m³)	现状引水能力 (万 m³)	总数 (座)	设计提水能力 (万 m³)	现状提水能力 (万 m³)	总数 (眼)
瀑河	9	340	310	15	1 300	1 280	970
青龙河	3	110	100	123	210	200	847
长河	6	280	260	175	1 500	1 200	770
滦河干流				92	10	10	24
清河	1	10	10	40	120	100	89
孟子河	1	18	18	65	130	130	213
牛心河	1	10	10	14	140	140	50
合计	21	768	708	524	3 410	3 060	2 963

蓄水工程总库容及兴利库容是反映蓄水工程规模的重要特征值。一个区域或流域的蓄水工程总库容或兴利库容与其多年平均年径流量的比值,反映了水利工程对该区域或流域水资源的调蓄控制能力。2015 年宽城县蓄水工程总库容2 756 万 m³,兴利库容1 841万 m³,分别为全县多年平均年径流量的 13.2% 及 8.8%。全县平均为 12.8%、4.9%,全国1993 年平均为 16.9%、9.9%。从整体水平看,宽城县蓄水工程的发展程度较低,略高于全市平均水平,低于全国 1993 年的平均水平,详见表4-4 及表4-5。

表 4-4 宽城县蓄水工程库容与年径流量的比值

分区	蓄水工程总库容（万 m³）	蓄水工程兴利库容（万 m³）	年径流量（亿 m³）	总库容/年径流量	兴利库容/年径流量
瀑河	318	260	6 723	0.047	0.039
青龙河	1 356	899	5 445	0.249	0.165
长河	589	365	4 435	0.133	0.082
滦河干流	0	0	684	0	0
清河	69	49	705	0.098	0.069
孟子河	381	233	2 051	0.186	0.114
牛心河	44	35	800	0.055	0.044
合计	2 757	1 841	20 843	0.132	0.088

表 4-5 1993 年全国各流域片蓄水工程库容与年径流量比值

流域片	总库容/年径流量	兴利库容/年径流量
全国	0.169	0.099
松辽河	0.197	0.096
其中辽河	0.944	0.415
海河	1.108	0.475
淮河	0.660	0.296
黄河	0.930	0.613
长江	0.167	0.100
珠江	0.143	0.085
东南诸河	0.200	0.138
西南诸河	0.004	0.003
内陆河	0.085	0.066

4.1.2 设计供水能力

供水能力是指水利工程系统在一组特定条件下,具有一定供水保证率的最大供水量,与来水条件、工程条件、需水特性和运用调度方式有关。严格意义上的水利工程系统的供水能力是指:在全系统范围内,将天然来水的同步长系列作为系统输入,以同期水文条件下推求的需水过程为供水目标,以供水系统中各水利工程的设定参数为约束条件,按照一定的运用调度规则进行整体的长系列操作,所得到的符合某一供水保证率条件的系统供水总量,称为系统设计供水能力。在不具备长系列水文资料的情况下,系统供水能力的设计是按典型年方法经调节计算得到的供水总量。

由于影响工程供水能力的来水条件、工程条件和需水特性均在逐渐变化,为满足需水要求,则工程的运用调度方式也要相应地进行调整,因而水利工程的供水能力不是一成不变的,但在一定时期内应具有相当的稳定性。由于上述性质,供水能力可作为考核工程规划设计的实现程度和工程运行管理水平的综合性特征指标。宽城县水利工程设计供水能力为 8 726 万 m³,其中地表水供水中蓄水工程设计供水能力为 1 540 万 m³,引提水工程设计供水能力分别为 768 万 m³、3 410 万 m³,地下水工程设计供水能力为 3 008 万 m³,详见表 4-6。

表 4-6 宽城县供水工程设计供水能力 （单位:万 m³）

分区	地表水工程				地下水工程	其他工程	合计
	蓄水	引水	提水	小计			
瀑河	208	340	1 300	1 848	1 500	0	3 348
青龙河	767	110	210	1 087	380	0	1 467
长河	295	280	1 500	2 075	820	0	2 895
滦河干流	0	0	10	10	8	0	18
清河	41	10	120	171	60	0	231
孟子河	200	18	130	348	140	0	488
牛心河	28	10	140	178	100	0	278
合计	1 539	768	3 410	5 717	3 008	0	8 725

4.1.3　现状供水能力

根据来水条件,供水工程系统在考虑工程状态变化和供水对象的需水要求以及相应的调度运用规则情况下所得到的与设计供水能力具有相同保证率的供水量称之为现状供水能力。

宽城县供水工程现状供水能力为 8 101 万 m³,由于受各种因素影响,现状供水能力为设计供水能力的 92.8%。其中,蓄水工程现状供水能力为 1 535 万 m³,地表水引、提工程现状供水能力分别为 708 万 m³、3 060 万 m³,地下水工程现状供水能力为 2 777 万 m³。从各河流来看,瀑河现状供水能力最大,占总供水能力的 40.5%;其次是长河和青龙河,分别占总供水能力的 30.3% 和 17.1%,其他河流所占比例较小,不到 10%,详见表 4-7。

表 4-7 宽城县供水工程现状供水能力 （单位:万 m³）

分区	地表水工程				地下水工程	其他工程	合计
	蓄水	引水	提水	小计			
瀑河	208	310	1 280	1 798	1 480	0	3 278
青龙河	767	100	200	1 067	320	0	1 387
长河	295	260	1 200	1 755	700	0	2 455
滦河干流	0	0	10	10	7	0	17
清河	41	10	100	151	55	0	206
孟子河	196	18	130	344	135	0	479
牛心河	28	10	140	178	80	0	258
合计	1 535	708	3 060	5 303	2 777	0	8 080

从各类工程现状供水能力占总供水能力的比例可以看出现状供水能力的构成情况。宽城县地表水中提水工程所占的比例较高,占总供水能力的 37.8%;其次是地下水工程,占总供水能力的 34.5%;引水工程的供水能力仅占 8.7%。从各河流的现状供水能力构成来看,均是地表水工程所占比例相对较高,为 54.9%~76.9%,地下水工程占 23.1%~45.1%,详见表 4-8。

表 4-8 宽城县供水工程现状供水能力构成 （%）

分区	地表水工程				地下水工程	其他工程	合计
	蓄水	引水	提水	小计			
瀑河	6.4	9.5	39.0	54.9	45.1	0	100
青龙河	55.3	7.2	14.4	76.9	23.1	0	100
长河	12.0	10.6	48.9	71.5	28.5	0	100
滦河干流	0	0	58.8	58.8	41.2	0	100
清河	19.9	4.9	48.6	73.4	26.7	0	100
孟子河	41.0	3.8	27.1	71.9	28.2	0	100
牛心河	10.9	3.9	54.2	69.0	31.0	0	100
全县	19.0	8.7	37.8	65.5	34.5	0	100

人均现状供水能力与水资源条件、人口分布情况、社会经济发展水平、水土资源组合状况有关,可以在一定程度上反映出供水工程基础设施对区域社会经济发展的支撑能力。

宽城县现状人均供水能力为 313.4 m³。人均供水能力以滦河干流为最低,为 106.3 m³,这与当地经济发展的实际情况基本相符。宽城县长河人均供水能力最大,为 380.6 m³;瀑河现状供水能力最大,人口也较集中,人均供水能力为 275.5 m³,这两条河流是宽城县水资源开发利用较大的地区。宽城县现状人均供水能力详见表 4-9。

表 4-9 宽城县现状人均供水能力

分区	供水能力（万 m³）	人口（万人）	人均供水能力（m³）
瀑河	3 278	11.9	275.5
青龙河	1 387	4.34	319.6
长河	2 455	6.45	380.6
滦河干流	17	0.16	106.3
清河	206	0.62	332.3
孟子河	479	1.61	297.5
牛心河	258	0.77	335.1
合计	8 080	25.85	313.4

4.1.4 供水工程效率

现状供水能力与设计供水能力之比称为供水工程效率,可在较大程度上反映出供水系统的实际利用效率和工程状态,2015 年全县各河供水工程效率见表 4-10。

表 4-10　宽城县供水工程效率统计　　　　　　　　　　　（%）

分区	地表水工程			地下水工程	其他工程	合计
	蓄水	引水	提水			
瀑河	100	91.2	98.5	97.3	—	97.9
青龙河	100	90.9	95.2	98.2	—	94.5
长河	100	92.9	80.0	84.6	—	84.8
滦河干流			100	100	—	94.4
清河	100	100	83.3	88.3	—	89.2
孟子河	98.1	100	100	98.9	—	98.2
牛心河	100	100	100	100	—	92.8
合计	99.8	92.2	89.7	92.8	—	92.8

近几年来,宽城县政府加大水利投资力度,对中小型水库进行除险加固,使得蓄水工程供水效率大大提高。从表 4-10 中可以看出 2015 年宽城县供水工程的总效率为 92.8%,其中蓄水工程的供水效率达到了 99.8%,提水工程较低,为 89.7%,引水及地下水工程效率分别为 92.2% 和 92.8%。牛心河、瀑河供水工程效率较高,均在 95% 以上;长河供水工程效率相对较低,84.8%。

4.2　2015 年现状实际供水量

按供水水源统计,2015 年宽城县现有供水设施的实际供水量为 6 789 万 m³,约占多年平均水资源总量的 33.0%。宽城县蓄水工程只有中、小型水库和塘坝等,跨年度调节能力较差,地表水蓄水工程发挥效力较低,实际供水量仅为 895 万 m³,占总供水量的 13.0%,引水工程供水量为 650.0 万 m³,占总供水量的 9.4%,提水工程供水量为 2 805 万 m³,占总供水量的 40.8%,地下水工程供水量为 2 529 万 m³,占总供水量的 36.8%,详见表 4-11、表 4-12 和图 4-1。

表 4-11　宽城县供水工程 2015 年实际供水量　　　　　　（单位:万 m³）

分区	地表水工程				地下水工程	其他工程	合计
	蓄水	引水	提水	小计			
瀑河	193	277	1 208	1 678	1 394	0	3 072
青龙河	170	94	196.1	460.1	249.8	0	709.9
长河	280	248.6	1 079	1 607.6	653	0	2 260.6
滦河干流	0	0	8.5	8.5	4.5	0	13.0
清河	35	7.4	72.3	114.7	44.0	0	158.7
孟子河	193	16	115.9	324.9	118.6	0	443.6
牛心河	24	7.0	126.0	157.0	64.6	0	221.6
合计	895	650.0	2 805.8	4 350.8	2 528.5	0	6 879.3

表 4-12　宽城县供水工程 2015 年实际供水构成　　　　　　（%）

分区	地表水工程				地下水工程	其他工程	合计
	蓄水	引水	提水	小计			
瀑河	6.3	9.0	39.3	54.6	45.4	0	100.0
青龙河	23.9	13.2	27.7	64.8	35.2	0	100.0
长河	12.4	11.0	47.7	71.1	28.9	0	100.0
滦河干流	0	0	65.3	65.3	34.7	0	100.0
清河	22.1	4.7	45.5	72.3	27.7	0	100.0
孟子河	43.5	3.6	26.0	73.3	26.7	0	100.0
牛心河	10.8	3.2	56.8	70.8	29.2	0	100.0
合计	13.0	9.4	40.8	63.2	36.8	0	100.0

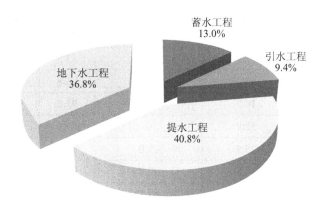

图 4-1　宽城县现状供水构成

4.3　2015 年现状实际用水量

社会和国民经济各部门所有的用水对象均为用水户。按用水类型分为河道内用水及河道外用水。河道外用水分为生活用水、生产用水和生态用水。生活用水又分为城镇生活用水、农村生活用水;生产用水分为第一产业用水、第二产业用水和第三产业用水。

按用水部门统计,2015 年全县总用水量 6 879 万 m^3。其中生活用水为 682.5 万 m^3,占总用水量的 9.9%;第一产业用水 1 643 万 m^3,占总用水量的 23.9%,第二、三产业用水 4 425万 m^3,占总用水量的 64.3%;生态用水 128.0 万 m^3,占总用水量的 1.9%。宽城县各部门用水中二、三产业是主要的用水部门。2015 年宽城县用水量情况详见表 4-13,2015 年全县各部门用水构成统计见表 4-14 和图 4-2。

表 4-13　2015 年宽城县用水量统计　　　　　　　　　　　（单位：万 m³）

分区	生活用水	生产用水			生态用水	合计
		第一产业用水	第二、三产业用水	小计		
瀑河	361.6	514.7	2 012	2 526.7	128.0	3 015.6
青龙河	95.3	397.4	227.0	624.4	0	719.7
长河	156.6	333.6	1 805	2 139.6	0	2 295.6
滦河干流	6.2	7.0	0	7.0	0	13.2
清河	14.5	121.2	24.0	145.2	0	159.7
孟子河	33.7	203.0	216.0	419.0	0	452.8
牛心河	14.5	66.2	142.0	208.2	0	222.7
合计	682.4	1 643.1	4 426	6 068.8	128.0	6 879

表 4-14　2015 年宽城县用水构成统计　　　　　　　　　　　　　（％）

分区	生活	生产			生态	合计
		第一产业	第二、三产业	小计		
瀑河	12.0	17.1	66.7	83.8	4.2	100
青龙河	13.2	55.2	31.6	86.8	0	100
长河	6.8	14.5	78.6	93.2	0	100
滦河干流	47.1	52.9	0	52.9	0	100
清河	9.1	75.9	15.0	90.9	0	100
孟子河	7.5	44.8	47.7	92.5	0	100
牛心河	6.5	29.7	63.8	93.5	0	100
合计	9.9	23.9	64.3	88.2	1.9	100

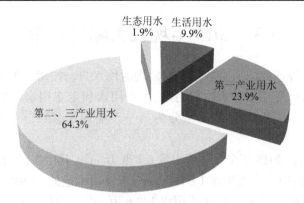

图 4-2　宽城县现状用水构成

　　宽城县 2015 年综合人均用水量为 266.1 m³，从分区来看，长河综合人均用水量最大，为 355.8 m³；滦河干流综合人均用水量最小，为 82.3 m³；其他河流人均综合用水量为

$165.8 \sim 289.2 \ \text{m}^3$,详见表 4-15。

表 4-15 宽城县 2015 年人均用水量统计

分区	用水量(万 m³)	人口(万人)	人均用水量(m³)
瀑河	3 016	11.90	253.4
青龙河	720	4.34	165.9
长河	2 295	6.45	355.8
滦河干流	13	0.16	81.3
清河	160	0.62	258.1
孟子河	453	1.61	281.4
牛心河	223	0.77	289.6
合计	6 879	25.85	266.1

宽城县各河用水量见图 4-3。

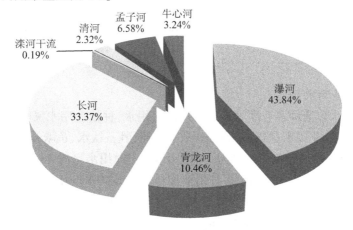

图 4-3 宽城县各河用水量所占比例

宽城县是一个经济比较落后的地区,目前的生产水平不高,人均用水量仅为 $266.1 \ \text{m}^3$,略高于承德市平均用水水平($243.9 \ \text{m}^3$),低于全国 2013 年平均用水水平($456 \ \text{m}^3$)。

4.3.1 生活用水

生活用水包括城镇生活用水和农村生活用水两部分,宽城县 2015 年现状生活用水量为 682.5 万 m^3,人均综合用水量为 72.3 L/d。

从各分区来看,宽城县政治经济文化中心的县城所在河流瀑河区域生活用水量最大,为 361.6 万 m^3,人均用水量为 83.3 L/d;其次为长河,生活用水量为 156.6 万 m^3,人均用水量为 66.5 L/d;青龙河生活用水量为 95.3 万 m^3,紧次于长河,人均用水量为 60.2 L/d;其他区域人烟稀少,生活用水量小于 335 万 m^3,人均用水量为 50.2 ~ 64.1 L/d。

城镇生活用水指城镇居民生活用水,2015 年宽城县城镇生活用水量为 250.5 万 m^3,占总用水量的 36.7%,宽城县城镇人均生活用水量为 128.1 L/d。

农村生活用水指农村居民生活用水,宽城县 2015 年农村生活用水量为 432.0 万 m^3,

占总用水量的63.3%，人均生活用水量为57.8 L/d，详见表4-16。

表4-16 2015年宽城县生活用水量统计

分区	城镇生活（万 m³）	农村生活（万 m³）	合计（万 m³）	人均用水量（L/d）		
				城镇生活	农村生活	合计
瀑河	194.7	166.9	361.6	138.2	56.9	83.3
青龙河	9.8	85.5	95.3	99.4	57.6	60.2
长河	34.5	122.1	156.6	106.2	60.2	66.5
滦河干流	0.2	6.0	6.2	78.3	49.5	50.2
清河	1.0	13.5	14.5	91.3	62.7	64.1
孟子河	9.2	24.5	33.7	93.4	50.2	57.4
牛心河	1.1	13.4	14.5	100.5	49.6	51.6
合计	250.5	431.9	682.4	128.1	57.8	72.3

4.3.2 生产用水

4.3.2.1 第一产业用水

第一产业用水包括种植业灌溉和林、牧、渔业用水，种植业用水又包括水田、水浇地、菜田三项；林、牧、渔业用水包括林果灌溉、草场灌溉、牲畜饮水、鱼塘补水四项。

2015年宽城县第一产业用水量为1 643万 m³，占总用水量的23.9%。在第一产业用水中以种植业灌溉用水为主，2015年种植业灌溉用水量为893.0 m³，占第一产业总用水量的54.4%，而种植业中又以菜田灌溉为主，用水量为543.0万 m³，占第一产业用水量的33.0%；林、牧、渔业用水量为750.0万 m³，占第一产业总用水量的45.6%，而该部分用水又以林果灌溉用水为主，用水量为567.0万 m³，占第一产业总用水量的34.5%，鱼塘补水和牲畜饮水所占比例很少，分别为2.4%和8.7%，详见表4-17。

表4-17 2015年宽城县第一产业用水量统计　　　　（单位：万 m³）

分区	种植业				林、牧、渔业				合计
	水田	水浇地	菜田	小计	林果	草场鱼塘	牲畜	小计	
瀑河	22.5	90	187.5	300	157.9	14	42.8	215	514.7
青龙河	27.5	74	112.5	214	140.4	0	43.0	183	397.4
长河	0	61	100.5	161.5	142.9	0	29.2	172	333.6
滦河干流	0	3	1.3	4.3	2.0	0	0.7	2.7	7.0
清河	0	22	47.0	69.0	42.6	0	9.6	52	121.2
孟子河	0	33	75.3	108	54.5	26	14.2	95	203.0
牛心河	0	17	18.9	35.9	26.8	0	3.5	30.3	66.2
合计	50.0	300	543.0	893.0	567.0	40	143.0	750.0	1 643

各河流中瀑河第一产业用水量最大,为 514.7 万 m³;其次为青龙河和长河,分别为 397.4 万 m³、333.6 万 m³;滦河干流第一产业用水量最小,为 7.0 万 m³。各河流中第一产业用水均以种植业灌溉用水为主,种植业用水量占第一产业总用水量的比例为 48.4%~61.2%。

2015 年宽城县种植业综合用水指标为 132.9 m³/亩,其中水田 500 m³/亩,水浇地 110.0 m³/亩,菜田 400 亩;林果灌溉指标为 209 m³/亩,大、小牲畜用水量分别为 30 L/(头·d)、15 L/(头·d)。

4.3.2.2　第二、三产业用水

第二产业用水包括工业用水和建筑业用水,工业用水一般指工矿企业在生产过程中,用于制造、加工、冷却、净化、洗涤等生产用水和厂内生活用水。第三产业用水包括商饮业和服务业用水。

2015 年宽城县第二、三产业用水量为 4 425 万 m³,占总用水量的 64.3%。在第二、三产业用水中以工业用水为主,2015 年工业用水量为 4 174 万 m³,占第二、三产业总用水量的 94.3%;商饮服务业次之,用水量为 196.5 万 m³,占第二、三产业总用水量的 4.44%;建筑业用水量相对较小,仅为 55 万 m³,占第二、三产业总用水量的 1.2%,详见表 4-18。宽城县第二、三产业用水构成详见图 4-4。

表 4-18　2015 年宽城县第二、三产业用水量统计　　　　　　（单位:万 m³）

分区	第二产业			第三产业	合计
	工业	建筑业	小计	商饮服务业	
瀑河	1 760	55	1 815	196.5	2 011.5
青龙河	227	0	227	0	227
长河	1 805	0	1 805	0	1 805
滦河干流	0	0	0	0	0
清河	24	0	24	0	24
孟子河	216	0	216	0	216
牛心河	142	0	142	0	142
合计	4 174	55	4 229	196.5	4 425.5

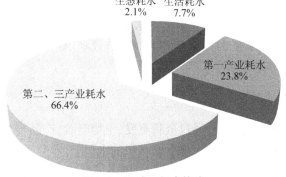

图 4-4　宽城县耗水构成

从各分区来看,瀑河属第二、三产业聚集地,第二、三产业用水量为 2 011.5 万 m³,占第二、三产业总用水量的 45.5%;其次为长河,为 1 805 万 m³,占 40.8%;滦河干流经济落后,第二、三产业用水量为 0。青龙河、清河、孟子河和牛心河第二、三产业用水量不大,为24 万~227 万 m³。

4.3.3 生态用水

生态用水是指为维持生态环境功能和进行生态环境建设所需要的最小水量,本次研究分为河道内和河道外两类生态环境用水。河道内生态环境用水一般分为维持河道基本功能(基流、冲沙、防凌、稀释净化等)和河口生态环境的用水(冲淤保港、防潮压碱、河口生物等),河道外生态环境用水分为城镇生态环境美化(绿化用水、城镇河湖补水、环境卫生用水等)和其他生态环境建设用水等(地下水回补、防沙固沙、防护林草、水土保持等),本书统计的现状生态用水仅指河道外城镇生态环境美化(绿化用水、城镇河湖补水、环境卫生用水等)。

宽城县 2015 年现状生态用水量为 128 万 m³,占总用水量的 1.9%。宽城县生态用水均集中县城所处的瀑河区域,其他河流现状无生态用水。

4.3.4 现状用水水平分析

4.3.4.1 用水总量指标分析

经调查统计,宽城县现状(2015 年)总用水量为 6 879 万 m³,其中地下水用水量为2 529 万 m³。依据《承德市实行最严格水资源管理制度考核实施方案》(简称《考核方案》),宽城县 2015 年用水总量控制在 8 788 万 m³,地下水用水量控制在 3 029 万 m³,与现状各项用水指标对比,宽城县现状用水总量 6 879 万 m³ 和地下水用水量 2 529 万 m³ 均未超出控制目标。随着经济的发展,未来水平年县区生产、生活用水量超出考核值时,应优先保证生活需水,生产用水可通过"区域内部调整、上大压小、扶优汰劣、水量置换"等方式解决。

4.3.4.2 用水效率指标分析

2015 年宽城县工业万元增加值用水量为 23.0 m³/万元,《考核方案》中,宽城县 2015年工业万元增加值用水量控制目标为 24.0 m³/万元,与《考核方案》规定的目标值相比,低 4.16%,符合要求。

根据调查资料,2015 年宽城县农田灌溉水有效利用系数为 0.85,农田灌溉水有效利用系数年度分解表中,宽城县 2015 年农田灌溉水有效利用系数应达到 0.690,比考核值高23.2%,符合考核目标要求。

4.3.5 耗水量与耗水率

耗水量是指在输用水过程中,通过蒸腾蒸发、土壤吸收、产品带走、居民和牲畜饮用等形式消耗掉,而不能回归到地表水或地下含水层的水量。

按耗水部门统计,2015 年全县总耗水量 4 918 万 m³。其中,生活耗水量 377.6 万 m³,占总耗水量的 7.7%;第一产业耗水量 1 171 万 m³,占 23.8%;第二、三产业耗水量 3 266 万 m³,

占总耗水量的 66.4%;生态耗水量 102.4 万 m³,占总耗水量的 2.1%,详见表 4-19 和图 4-5。

表 4-19　2015 年宽城县耗水量统计　　　　　　（单位:万 m³）

分区	生活耗水	生产用水			生态耗水	合计
		第一产业耗水	第二、三产业耗水	生产小计		
瀑河	175.3	366.7	1 458	1 824.7	102.4	2 102
青龙河	62.8	283.0	170.0	453.0	0	515.8
长河	95.8	237.1	1 352	1 589	0	1 685
滦河干流	4.3	4.9	0	4.9	0	9.2
清河	9.8	86.3	18	104.3	0	114.0
孟子河	19.9	147.1	161.8	308.9	0	328.8
牛心河	9.7	46.2	106.5	152.7	0	162.4
合计	377.6	1 171	3 266	4 438	102.4	4 918

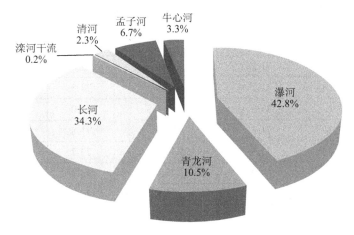

图 4-5　宽城县各分区耗水量所占比例

从各河来看,耗水量最大的为瀑河,为 2 102 万 m³,占总耗水量的 42.8%;其次为长河,为 1 685 万 m³,占 34.3%;滦河干流耗水量最小,仅为 9.2 万 m³,占 0.2%;其他河流耗水量为 114.0 万~515.8 万 m³。宽城县现状供水量变化趋势详见图 4-6。

耗水率为耗水量与用水量之比,是反映一个国家或地区用水水平的重要特征指标,城镇生活与工业用水相对集中,一般以取用水量与废污水量之差作为耗水量。2015 年宽城县生活耗水率为 55.3%,生产耗水率为 73.1%,其中第一产业耗水量包括农田灌溉的耗水量、林牧渔业耗水量、牲畜引水耗水量等,农田灌溉的耗水量指渠系和田间蒸发及植物蒸腾量,一般采用毛用水量与回归水量(包括补给地下水的下渗量)之差作为耗水量,目前宽城县第一产业耗水率为 71.3%,第二、三产业耗水量包括工业、建筑业耗水量以及商饮服务业的第三产业耗水量,耗水率为 73.8%。2015 年宽城县用水综合耗水率为 71.5%,详见表 4-20。

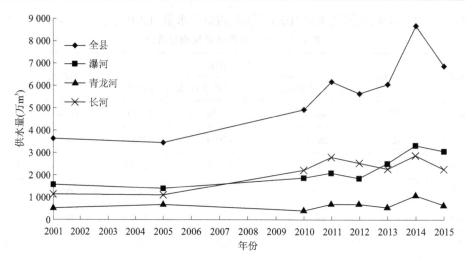

图 4-6　宽城县现状供水量变化趋势

表 4-20　2014 年宽城县各河流耗水率统计　　　　　　（%）

分区	生活用水	生产用水			生态用水	合计
		第一产业	第二、三产业	小计		
瀑河	48.5	71.2	72.5	72.2	80.0	69.7
青龙河	65.9	71.2	74.9	72.6		71.7
长河	61.2	71.1	74.9	74.3		73.4
滦河干流	68.7	71.0		71.0		69.9
清河	67.2	71.2	74.9	71.8		71.4
孟子河	59.1	72.5	74.9	73.7		72.6
牛心河	67.0	69.9	75.0	73.4		73.0
合计	55.3	71.3	73.8	73.1	80.0	71.5

4.3.6　水资源开发利用率

宽城县 2015 年降水频率为 58.3%,属于平水偏枯年份,水资源总量(包括入境水量)为 14 332 万 m³,供水量为 6 879 万 m³,用水量为 6 879 万 m³,净消耗量为 4 918 万 m³,净消耗量占水资源总量的比例为 34.3%,水资源开发利用率为 48.0%,高于全国平均水平(21.8%),低于河北省水平(87.6%),净消耗量占水资源总量的比例略低于国际上公认的 40% 的警戒线。

但是从各河流来看,滦河干流水资源开发利用率最低,为 3.0%,长河水资源开发利用率最高,达到了 79.0%,用水净消耗量占水资源总量的比例达到了 59.5%;其次为瀑河和牛心河,现状水资源开发利用率分别为 43.5%、49.4%,用水净消耗量占水资源总量的比例为 29.8%、36.2%,越来越接近于国际上公认的 40% 的警戒线。青龙河、清河和孟子河水资源开发利用率分别为 31.2%、34.6% 和 37.4%,用水净消耗量占水资源总量的比例为 22.7%、24.9% 和 22.7%,处于宽城县中等水平,详见表 4-21。

表 4-21　宽城县现状水资源开发利用情况统计

分区	入境水资源量（亿 m³）	自产水资源量（万 m³）	水资源总量（万 m³）	供水量（万 m³）	净消耗量（万 m³）	消耗量占水资源总量的比例（%）	水资源开发利用率（%）
瀑河	3 074	3 987	7 061	3 072	2 102	29.8	43.5
青龙河	0	2 276	2 276	709.9	515.8	22.7	31.2
长河	0	2 476	2 476	1 957	1 472	59.5	79.0
滦河干流	0	425	425	13.0	9.2	2.2	3.0
清河	0	459	459	158.7	114.0	24.9	34.6
孟子河	0	1 186	1 186	443.6	328.8	27.7	37.4
牛心河	0	449	449	221.6	162.4	36.2	49.4
合计	3 074	11 258	14 332	6 879	4 918	34.3	48.0

4.4　水资源开发利用变化趋势

4.4.1　2001 年以来来水情况

本书对 2001 年、2005 年、2010 年及近五年（2011～2015 年）的用水量及水资源量进行分析，得出水资源开发利用变化趋势情况。

通过对各分区降水量和径流资料进行分析，从全县范围来看，2001 年为丰水年，各河流中滦河干流属平水年，孟子河为平水偏枯年份，其他河流均属丰水年；2005 年各分区均属丰水年；2010 年全县为丰水年，其中瀑河和青龙河属丰水年，长河属平水偏丰年份，其他河流均为平水年；2011 年全县为平水偏丰年份，其中长河属平水年，滦河干流和牛心河属丰水年，其他河流均为平水偏丰年份；2012 年宽城县各河流均为丰水年；2013 年全县属平水偏丰年，其中瀑河属平水偏枯年份，青龙河、滦河干流属平水偏丰，清河属平水偏枯年，长河、孟子河和牛心河均属丰水年；2014 年全县属特别枯水年，其中长河、孟子河和牛心河为枯水年，其他分区均属特别枯水年；2015 年全县属平水偏枯年份，其中瀑河、滦河干流和清河属平水年，其他河流属平水偏枯年份，详见表 4-22。

表 4-22　宽城县近年来水情况

分区	2001 年	2005 年	2010 年	2011 年	2012 年	2013 年	2014 年	2015 年
瀑河	丰水年	丰水年	丰水年	平偏丰	丰水年	平偏枯	特别枯水年	平水年
青龙河	丰水年	丰水年	丰水年	平偏丰	丰水年	平偏丰	特别枯水年	平偏枯
长河	丰水年	丰水年	平偏丰	平水年	丰水年	丰水年	枯水年	平偏枯
滦河干流	平水年	丰水年	平水年	丰水年	丰水年	平偏丰	特别枯水年	平水年
清河	丰水年	丰水年	平水年	平偏丰	丰水年	平偏枯	特别枯水年	平水年
孟子河	平偏枯	丰水年	平水年	平偏丰	丰水年	丰水年	枯水年	平偏枯
牛心河	丰水年	丰水年	平水年	丰水年	丰水年	丰水年	枯水年	平偏枯
全县	丰水年	丰水年	丰水年	平偏丰	丰水年	平偏丰	特别枯水年	平偏枯

4.4.2 2001 年以来的供水变化趋势

4.4.2.1 供水量变化趋势

2001~2015 年 15 年间,宽城县供水量增加了 3 243 万 m³,年均增加 5.95%。同期计算的国内生产总值(GDP)1995~2015 年的年增长速度为 30.1%,供水对 GDP 的弹性系数为 0.20,说明总供水量增长速度滞后,供水欠账加大,使宽城县的缺水形势在总体上未能得到明显的改善。

其中,2001~2005 年用水量变化不大,由 3 636 万 m³ 减少到 3 456 万 m³,年均减少 0.99%;2005~2011 年用水量增加,6 年间增加了 2 744 万 m³,年均增加 13.2%,增加的幅度较大;2011~2015 年(除 2014 年用水量较大外)用水量变化幅度不大,5 年间用水量增加了 679 万 m³,年均增加 2.19%。具体详见表 4-23、图 4-7 和图 4-8。

表 4-23 宽城县近 15 年供水量　　　　　　　　(单位:万 m³)

年份	合计	分区						
		瀑河	青龙河	长河	滦河干流	清河	孟子河	牛心河
2001	3 635.5	1 580	572.3	1 138	5.7	58.2	199.6	81.8
2005	3 456	1 395	744.2	1 095	5.4	50.3	112.3	52.8
2010	4 944	1 872	458.0	2 248	17.0	40.0	212.0	97.5
2011	6 200	2 093	779.8	2 804	33.9	47.3	324.3	117.4
2012	5 665	1 851	748.3	2 536	16.9	76.0	312.3	124.4
2013	6 070	2 520	615.5	2 299	6.8	67.7	382.0	178.6
2014	8 696	3 321	1 154	2 875	16.9	301.5	725.9	302.4
2015	6 879	3 072	709.9	2 261	13.0	158.7	443.6	221.6

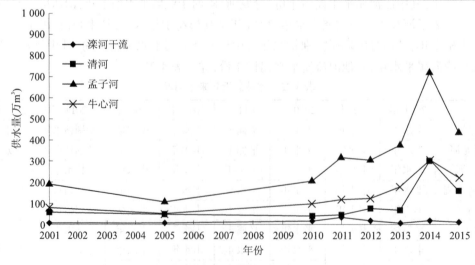

图 4-7 宽城县现状供水量变化趋势

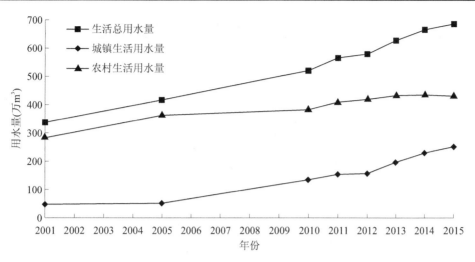

图 4-8　宽城县生活用水量变化趋势

从各分区情况来看,瀑河 2015 年总供水量比 2001 年增加了 1 492 万 m³,年均增加 6.29%;青龙河 2015 年总供水量比 2001 年增加了 137.6 万 m³,年均增加 1.60%,增加的幅度较小;长河 2015 年总供水量比 2001 年增加了 1 123 万 m³,年均增加 6.58%,增加的幅度略大于瀑河;其他四条河流经济欠发达,用水量不大,但各河供水量都有不同程度的增加。

4.4.2.2　供水构成变化趋势

宽城县地表水供水量从 2001 年的 1 311 万 m³ 增加到 2015 年的 4 350 万 m³,年均增加 15.5%,各分区中也有不同程度的增加,经济较发达的瀑河、青龙河和长河中,增加幅度较大的是长河,年均增加了 29.5%。地表水供水量的逐年增加使得其在总供水中的比重也由 36.1% 增加到 63.2%,详见表 4-24、表 4-25。不同分区地表供水变化趋势详见图 4-9。

表 4-24　宽城近十五年地表水供水量　　　　　　　　　　　　(单位:万 m³)

年份	合计	分区						
		瀑河	青龙河	长河	滦河干流	清河	孟子河	牛心河
2001	1 310.9	582.0	324.8	296.5	2.7	18.2	76.9	9.8
2005	1 916	745.5	494.4	580.8	1.5	22.1	43.7	28.1
2010	2 197	694.7	206.3	1 156	7.0	12.0	93.7	27.7
2011	3 305	890.2	479.4	1 639	18.7	24.0	187.7	66.4
2012	2 293	593.2	424.9	1 029	12.4	41.3	129.8	62.2
2013	3 497	1 405	336.3	1 360	2.6	44.6	224.9	124.0
2014	6 123	2 096	895.2	2 031	12.4	271.9	569.2	246.8
2015	4 350	1 678	460.1	1 607	8.5	114.7	324.9	157.0

表 4-25　宽城县近十五年地表供水所占比例　　　　　　　　　　　　（%）

年份	合计	分区						
		瀑河	青龙河	长河	滦河干流	清河	孟子河	牛心河
2001	36.1	36.8	56.7	26.1	47.3	31.3	38.5	12.0
2005	55.5	53.4	66.4	53.0	28.5	43.9	38.9	53.3
2010	44.4	37.1	45.0	51.4	41.2	30.0	44.2	28.4
2011	53.3	42.5	61.5	58.4	55.2	50.7	57.9	56.6
2012	40.5	32.0	56.8	40.6	73.4	54.4	41.6	50.0
2013	57.6	55.8	54.6	59.1	38.2	65.8	58.9	69.4
2014	70.4	63.1	77.6	70.6	73.4	90.2	78.4	81.6
2015	63.2	54.6	64.8	71.1	65.3	72.3	73.3	70.8

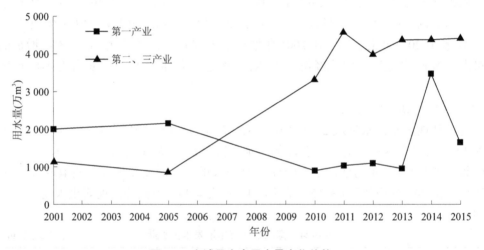

图 4-9　宽城县生产用水量变化趋势

近十五年来,宽城县地下水供水量从 2001 年的 2 325 万 m³ 增加到 2015 年的 2 529 万 m³,仅增加了 204 万 m³,年均增加 0.6%,各分区增加的幅度也非常小,长河、孟子河、牛心河甚至出现了下降的趋势,经济发展程度仅次于瀑河的长河减少了 188.1 万 m³,年均减少 1.5%。地下水供水量的这种相对稳定变化以及逐年增加的供水量增加使得其在总供水中的比重由 63.9% 下降到 36.8%,详见表 4-26、表 4-27。

表 4-26　宽城县近十五年地下水供水量　　　　　　　　　　（单位:万 m³）

年份	合计	分区						
		瀑河	青龙河	长河	滦河干流	清河	孟子河	牛心河
2001	2 324.9	998.0	247.6	841.6	3.0	40.0	122.7	72.0
2005	1 539	649.8	249.8	514.6	3.8	28.2	68.6	24.6

续表 4-26

年份	合计	分区						
		瀑河	青龙河	长河	滦河干流	清河	孟子河	牛心河
2010	2 747	1 177	251.7	1 092	10.0	28.0	118.3	69.8
2011	2 895	1 203	300.4	1 165	15.2	23.3	136.6	51.0
2012	3 372	1 258	323.4	1 507	4.5	34.6	182.5	62.2
2013	2 573	1 115	279.2	939.6	4.2	23.1	157.1	54.6
2014	2 573	1 224	258.4	844.0	4.5	29.6	156.6	55.6
2015	2 529	1 394	249.8	653.5	4.5	44.0	118.6	64.6

表 4-27　宽城县近十五年地下供水所占比重 （％）

年份	合计	分区						
		瀑河	青龙河	长河	滦河干流	清河	孟子河	牛心河
2001	63.9	63.2	43.3	73.9	52.7	68.7	61.5	88.0
2005	44.5	46.6	33.6	47.0	71.5	56.1	61.1	46.7
2010	55.6	62.9	55.0	48.6	58.8	70.0	55.8	71.6
2011	46.7	57.5	38.5	41.6	44.8	49.3	42.1	43.4
2012	59.5	68.0	43.2	59.4	26.6	45.6	58.4	50.0
2013	42.4	44.2	45.4	40.9	61.8	34.2	41.1	30.6
2014	29.6	36.9	22.4	29.4	26.6	9.8	21.6	18.4
2015	36.8	45.4	35.2	28.9	34.7	27.7	26.7	29.2

4.4.3　2001 年以来的用水变化趋势

4.4.3.1　生活用水

2001～2015 年全县人口格局发生了较大的变化,15 年间城镇人口增加了 1.960 3 万人,年均增加 3.85%;而农村人口增长缓慢,15 年间增加了 2.715 9 万人,年均增长 1.02%。

随着人口的增加,生活用水量也呈逐年增长的趋势,全县 2015 年生活用水量比 2001 年增加了 346.8 万 m³,年均增加 6.89%。

其中,城镇生活用水全县 2015 年比 2001 年增加了 203.5 万 m³,年均增加 28.7%;农村生活用水 2015 年比 2001 年增加了 143.3 万 m³,年均增加 3.31%,城镇生活用水增加幅度远远大于农村生活。

宽城县近十五年生活用水情况详见表 4-28～表 4-30。

表 4-28　宽城县近十五年生活用水量　　　　　（单位：万 m³）

年份	合计	分区						
		瀑河	青龙河	长河	滦河干流	清河	孟子河	牛心河
2001	335.6	149.0	62.0	82.5	2.0	8.6	20.8	10.7
2005	414.8	177.0	78.5	105.1	3.0	11.1	25.8	14.2
2010	518.2	254.0	84.9	125.7	3.3	10.3	24.5	15.5
2011	563.0	276.0	88.6	136.1	4.2	12.9	32.0	13.2
2012	577.3	278.5	90.8	133.4	4.3	13.3	32.6	24.3
2013	627.0	305.7	97.8	148.7	6.3	14.7	39.4	14.6
2014	664.3	332.9	97.9	161.2	6.4	14.9	36.3	14.8
2015	682.5	361.6	95.3	156.6	6.2	14.5	33.7	14.5

表 4-29　宽城县近十五年城镇生活用水量　　　　　（单位：万 m³）

年份	合计	分区						
		瀑河	青龙河	长河	滦河干流	清河	孟子河	牛心河
2001	46.9	36.2	1.8	7.1	0.1	0.3	0.8	0.6
2005	50.0	38.8	2.8	6.9	0.1	0.2	0.6	0.6
2010	134.0	102.5	10.1	17.8	0	0.6	1.8	1.2
2011	153.0	114.0	8.6	21.1	0.2	0.9	7.0	1.2
2012	155.0	111.7	8.4	15.0	0.2	0.9	6.9	12.0
2013	195.0	144.0	12.3	25.8	0.3	1.2	10.4	1.2
2014	228.0	164.3	11.5	37.9	0.3	1.3	11.5	1.3
2015	250.5	194.7	9.8	34.5	0.2	1.0	9.2	1.1

表 4-30　宽城县近十五年农村生活用水量　　　　　（单位：万 m³）

年份	合计	分区						
		瀑河	青龙河	长河	滦河干流	清河	孟子河	牛心河
2001	288.6	112.8	60.2	75.4	1.9	8.3	20.0	10.0
2005	364.8	138.3	75.8	98.2	2.9	10.8	25.2	13.6
2010	384.2	151.5	74.8	107.9	3.3	9.8	22.8	14.3
2011	410.0	162.0	80.0	115.0	4.0	12.0	25.0	12.0
2012	422.3	166.9	82.4	118.5	4.1	12.4	25.8	12.4
2013	432.0	161.7	85.5	122.9	6.0	13.5	29.0	13.4
2014	436.3	168.6	86.4	123.3	6.1	13.6	24.8	13.5
2015	432.0	166.9	85.5	122.1	6.0	13.5	24.5	13.4

4.4.3.2 第一产业用水量

宽城县第一产业用水主要以种植业灌溉和林果灌溉为主。2001~2015 年以来,灌溉面积呈逐年增加的趋势,其中第一产业中种植业灌溉面积增加了 3.696 7 万亩,年均增加 8.15%;林果灌溉面积则由 1.313 9 万亩增加到 7.125 万亩,增加了 5.811 1 万亩,年均增加 29.5%。

近些年来,宽城县在灌溉节水方面也做了大量的工作,主要措施有渠道防渗、低压管灌、喷灌、微灌和制定灌溉管理制度,农田灌溉水利用系数逐年提高,到 2015 年,达到了 0.85。随着灌溉面积的增加及节水措施的实施,宽城县第一产业用水(除 2014 年用水量较大外)由 2001 年的 2 016 万 m³ 减少到 2015 年的 1 643 万 m³,年均减少了 1.32%。宽城县近十五年第一产业用水量情况详见表 4-31。

表 4-31 宽城县近十五年第一产业用水量 （单位:万 m³）

年份	合计	分区						
		瀑河	青龙河	长河	滦河干流	清河	孟子河	牛心河
2001	2 016	899.8	492.2	462.8	3.5	64.1	79.0	14.6
2005	2 155.7	975.9	632.6	411.0	136.2	0	0	0
2010	891	353.5	226.0	219.0	12.0	25.0	42.0	13.5
2011	1 030	383.1	303.3	233.7	0.7	35.3	57.5	16.4
2012	1 093	409.4	315.2	238.7	0.7	40.0	69.7	19.4
2013	940	351.7	267.0	223.1	0.8	30.2	52.0	15.2
2014	3 466	1 046.8	805.1	799.5	10.9	264.0	400.3	139.0
2015	1 643	514.7	397.4	333.6	7.0	121.2	203.0	66.2

4.4.3.3 第二、三产业用水量

宽城县第二、三产业发展相对较快。2001~2015 年的 15 年间,第二产业增加值从 6.521 7 亿元增加到 118.492 7 亿元,年均增加 114.5%;而第三产业增加值也呈现了增加的趋势,15 年间增加了 53.889 0 亿元,年均增加 50.3%。

为加强对水资源的管理,近年来,我国制定了《工业节水管理办法》,规范企业用水行为,将工业节水纳入了法制化管理,编制了《全国节水规划纲要》《中国节水技术政策大纲》等文件;在国家节水政策、方针的指导下,通过近十几年的努力,工业节水工作初见成效。在国民经济持续高速发展的情况下,工业用水总量得到了控制。用水效益迅速提高,万元工业增加值用水量降至 2015 年的 23.0 m³/万元。

随着第二、三产业的发展和节水政策的实施,宽城县第二、三产业用水也呈逐年增加的趋势。其中,2001~2005 年相对稳定,由 1 156 万 m³ 减少到 862 万 m³,年均减少 5.1%;2005~2011 年增长较快,6 年间增加了 3 735 万 m³,年均增加 61.9%;2011~2015 年又稳定下来,减少了 171 万 m³,年均减少 0.74%。总体上由 2001 年的 1 156 万 m³ 增加到 2015 年的 4 425 万 m³,详见表 4-32。

表 4-32　宽城县近十五年第二、三产业用水量　　　　（单位：万 m³）

年份	合计	分区						
		瀑河	青龙河	长河	滦河干流	清河	孟子河	牛心河
2001	1 156.1	247.8	25.1	816.2	0	0	38.9	28.1
2005	862	208.1	35.8	586.2	31.9	0	0	0
2010	3 328	1 151	107.0	1 819	27.0	0	135.0	89.0
2011	4 597	1 385	396.5	2 455	29.0	0	242.0	89.0
2012	3 997	1 115	352.0	2 182	0	24.0	218.0	106.0
2013	4 372	1 681	263.0	1 953	0	24.0	301.0	150.0
2014	4 380	1 689	263.0	1 953	0	24.0	301.0	150.0
2015	4 425	2 012	227.0	1 805	0	24.0	216.0	142.0

4.4.3.4　生态用水

随着社会经济的发展和对生态环境重视度的提高，宽城县生态用水量也呈现逐年增加的趋势，由 2001 年的 0 增加到 2015 年的 128.0 万 m³。

4.4.3.5　现状用水特征

经对比分析，2001～2015 年宽城县用水变化呈以下特征：

（1）城镇人口增加，城镇化加快，城镇生活用水急剧增长。

宽城县总人口从 2001 年的 21.173 8 万人增加到 2015 年的 25.85 万人，年均增加 1.47%；城镇人口从 2001 年的 3.396 7 万人上升到 2015 年的 5.357 万人，增加了 1.960 3 万人，年均增长 3.85%，城镇化率从 2001 年的 16.04% 上升到 2015 年的 20.72%，年均增加 1.95%。

随着城镇化率的上升，人民生活水平和生活用水相应提高，相应地 2015 年全县城镇生活用水量达 251 万 m³，较 2001 年的 47.0 万 m³ 增加了 204 万 m³，年均增长 28.9%。城镇生活用水占总用水量的比重由 2001 年的 1.29% 提高到 2015 年的 3.64%。人均综合用水量增加到 2015 年的 128.1 L/d。

2015 年宽城县农村人口为 20.493 万人，较 2001 年的 17.777 1 万人增加了 2.715 9 万人，占总人口比例由 1990 年的 84.0% 下降到 79.3%。2015 年宽城县农村生活总用水量为 432 万 m³，较 2001 年的 289 万 m³ 增加了 143 万 m³，年均增加 3.31%，幅度小于城镇生活，农村生活用水量占总用水量的比重由 2001 上的 7.94% 下降到 2015 年的 6.28%。

（2）第二、三产业发展迅速，第二、三产业用水急剧增加。

宽城县相对于承德市其他县，工业相对发达，2001 年后，先后建起承德盛丰钢铁有限公司、承德兆丰钢铁集团有限公司两大钢铁制品公司，以及承德天宝矿业集团有限公司宝丰矿业等多个铁选厂，随着工业的发展，第二、三产业用水量急剧增加。与 2001 年相比，宽城县 2015 年第二、三产业总用水量增加了 3 269 万 m³，十五年间增长了 2.8 倍，年均增长 18.9%；第二、三产业用水量占社会各部门总用水量的比重由 2001 年的 31.8% 上升到 2015 年的 64.3%，提高了 32.5 个百分点。

(3)灌溉面积有所增加,第一产业用水所占比重略有下降。

宽城县种植业灌溉面积由 2001 年的 3.023 3 万亩增加到 2015 年的 6.72 万亩,主要是菜田和水浇地的增加,分别由 0.804 3 万亩增加到 3.62 万亩、1.693 3 万亩增加到 3.00 万亩,而耗水量较大水田呈逐年减少的趋势,由 2001 年的 0.525 7 万亩减少到 2015 年的 0.1 万亩。同时,随着农业节水技术的实施,第一产业用水呈现下降的趋势,与 2001 年相比,宽城县第一产业总用水量减少了 373 万 m^3,年均减少 1.32%;第一产业用水占社会各部门总用水量的比重由 2001 年的 55.5% 下降到 2015 年的 23.9%,下降了 31.6 个百分点。

4.4.4　水资源开发利用中存在的问题

宽城县现状水资源开发利用中存在以下问题。

(1)水资源危机的潜在威胁。

宽城县人均水资源占有量 806.3 m^3,亩均水资源量 1 074.4 m^3,属于重度缺水地区,这也是水资源危机长期潜伏和存在的客观基础,滦河流域自 1999 年以来持续干旱,降水量明显减少,1999~2015 年宽城县平均降水量 581.8 mm,比 1981~1998 年平均降水量减少了 12.3%,地表水资源量减少了 47.3%。产水量减少的趋势将进一步加剧水资源危机发生的频次和程度,表现为农业干旱缺水,生活用水及工业用水挤占农业用水和生态环境用水,生态环境进一步恶化。

降水年内集中和连丰连枯的年际变化特性是水资源危机发生的诱因,而本区农村和城市供水水源单一,缺乏后备水源,则表现出了对水资源危机抗御能力的脆弱性,供水系统的保障程度亟待解决。

(2)在各项供水中,以提水及以地下水源井供水为主,占总供水量的 77.5%,受水资源条件、投入力度等因素制约,地表水蓄引提工程建设不足,地表水蓄水工程供水量所占比重非常低,仅 13.0%,在枯水季节,常有工程性缺水现象。

(3)中水回用率低。

随着经济的发展、居民生活水平的提高,用水量逐年加大,由此产生的污水量也在增加,充分利用再生水不但可以提高有限的水资源,也可实现水资源的高效利用。宽城县现状虽已建成污水处理厂,处理能力达到 2.0 万 m^3/d,年可利用量约 580 万 m^3,但现状中水回用设施还不完善,回用率非常低。

(4)水资源开发利用不平衡。

各分区水资源开发利用不平衡,滦河干流集水面积大,属宽城县多水区,但经济欠发达,开发利用率低;主要经济区集中在瀑河和长河,用水量大,开发利用程度较高。

第5章 社会经济发展预测

社会经济发展与水资源利用有着密切的关系,一方面,社会经济发展需要有水资源作支撑;另一方面,社会经济发展又对水资源系统产生压力;同时,水资源的科学管理与保护又需要社会经济发展提供保证。因此,在水资源规划与管理中,十分重视社会经济发展规划,甚至要求做到水资源规划、管理与社会经济发展相联系、相协调。特别是,面向可持续发展的水资源规划与管理对这一问题提出了明确的要求。

5.1 社会经济发展与水资源的关系

水,是生命之源,是社会经济发展不可缺少的一种宝贵资源。在许多水资源比较短缺的地区,水资源成为社会经济发展的主要制约因素。同时,社会经济发展对水资源既有积极的作用,也有不利的影响。总之,它们相互联系、相互制约、相互影响。可以从以下几方面来认识社会经济发展与水资源的关系:

(1)水资源是人与其他生命系统不可缺少的一种宝贵资源,是社会经济发展的基本支撑条件。

水是构成生命原生物质的组成部分,参与体内一系列的新陈代谢反应,是生命物质所需营养成分的载体,是植物光合作用制造有机体的原料。可以说,没有水,就不会有人的生命,就不会有一切生物的生长。

水资源不仅是人类生存不可缺少的原料,也是社会经济发展的基本支撑条件。从农业发展来看,水资源是一切农作物生长所依赖的基础物质,如果可供应的水量小于需要的水量,可能会导致农作物减产甚至死亡。当然,如果水量过多也可能导致洪涝、土地盐碱化等消极作用,从而影响农业生产。

从工业发展来看,水是工业生产的命脉,几乎在所有工业生产过程中都需要水的参与,如洗涤、冷却等作用。随着工业的发展,对水资源的需求量逐渐增加,这时水资源对工业发展速度和规模的决定作用也越来越明显。

从城市发展来看,城市发展不但要保证居民日常正常生活用水,如淘米、洗菜、洗衣服、冲厕所等,还要为城市的商业活动、旅游、休闲娱乐活动以及美化环境提供水源。城市用水的特点是供水保证率高、水质好、水压稳定。一般来说,城市规模越大,人均生活用水量越大,水资源利用量越多,对水资源的压力就越大。在许多地区,水资源条件对城市发展规模、城市功能和城市布局有决定性影响。

(2)社会经济发展会对水资源产生一定的压力。

社会经济的发展,对水资源的需求量不断增加,当超出水资源一定承载力时,会对水资源产生很大压力。例如,人口增长对水资源产生的压力表现在:人口增加的社会经济活动造成的水环境污染,以及由于水资源利用量增加所引起的污水排放量的增加。工业发展对水资源产生的压力表现在：工业排污总量随着总产值的提高仍在增加。尽管由于科技进步带来的单位产量的污水排放量有所减小，但减小的速度小于产值增加的速度，所以污水总量仍在增加。在这种情况下，水污染不可避免地将会加重，对水资源的压力也会更加严重。农业发展对水资源产生的压力表现在：农用化肥、农药对地表水质及地下水质的非点源污染，以及农田排水、排盐对干旱区淡水资源的影响等。

总之，人的社会经济行为必然要影响水资源系统，一方面，随着发展增加了需水量；另一方面，随着发展也增加了向水资源系统排放污水、废水的范围和数量。对水资源系统产生压力、带来威胁是不可避免的。

（3）水资源问题又反过来影响社会经济的发展。

由于社会经济的发展离不开水资源，所以在水资源出现危机的情况下，必然又对社会经济发展造成影响。例如，水质污染和缺乏安全的水资源影响到人的健康状况，影响社会的稳定和民族团结，水资源短缺直接影响工业、农业生产，从而影响经济增长。

（4）社会经济发展又为水资源合理利用提供社会经济保障。

当然，随着社会的发展、科技的进步，人类处理污水、改善环境的能力也在提高。原来不能治理的污染现在可以治理了，原来需要花费很大代价才能治理的污染现在只需要花费较小的代价。并且，随着经济的发展，人类有越来越多的经济实力来改善水资源系统，例如可以提供足够的资金进行污水处理、改善生产工艺、改善引水及供水系统、兴修水利等来提高用水效率。另外，由于人的素质不断提高，对水资源的认识不断更新，人们管理水资源的水平也在不断提高。这些又说明，社会经济发展又能促进水资源的合理利用。

总之，社会经济系统与水资源—生态环境系统之间具有相互联系、相互制约、相互促进的复杂关系。正是由于社会经济系统与水资源—生态环境系统的密切关系，在进行水资源规划与管理研究时，要密切关注社会经济系统的发展变化，既要考虑变化的自然，又要考虑变化的社会。

5.2 社会经济系统变化主要指标

社会经济指标主要是由描述和表征人口、经济、社会、科技等发展的指标所组成的，该类指标比较繁杂，定性的较多，可操作性不强。在水资源承载力研究中，我们主要关注既与水资源开发利用紧密相关又能够综合衡量社会经济发展态势的指标。通过这些指标能够反映出水资源在社会经济系统中的配置状况、水资源对社会经济发展的贡献作用，以及社会福利的增长情况。与本次水资源承载力密切相关的社会经济发展指标有：

（1）人口发展指标，在水资源规划与管理研究中，研究人口发展的主要目的是确定各种资源的人口当量，用人均指标来评价社会经济发展水平和资源利用状况以及生态环境质量；同时，也可以用人均资源需求量来预测未来的需求水平，以谋求资源的供需平衡。人口发展指标包括人口数量、人口增长率、城镇与农村人口的比例以及城镇化率等。

（2）经济发展指标，经济发展是可持续发展的基础部分。它为水资源的开发、利用、保护和治理提供经济保障，水问题和生态环境问题的解决最终还要依赖于经济发展。衡量经济发展的指标包括反映经济总体状况方面的人均 GDP 以及 GDP 增长率等。

(3)科技发展指标,科技发展是实现可持续发展的重要环节。科技发展能够减少环境的污染,能够降低单位产值的资源消耗。包括反映农业用水水平的灌溉定额,反映工业用水水平的万元产值用水量等。

5.3　社会经济发展目标

社会经济发展目标是水供求预测工作的重要依据。在社会经济发展目标中,对未来水平年各供、需水方案影响较大的发展指标有人口、城镇化率,第一产业农业中种植业的灌溉面积、林果、草场、鱼塘的用水面积以及大小牲畜的数量,第二产业中工业增加值及建筑业增加值和新增建筑面积,第三产业中商饮业、服务业的增加值。

5.3.1　社会经济发展回顾

十二五时期,面对复杂多变的国内外形势,以及经济发展全球化、区域竞争激烈化、环境保护迫切化的现实,在宽城县县委、县政府的领导下,坚持以邓小平理论、"三个代表"重要思想、科学发展观和习近平总书记重要讲话精神为指导,认真贯彻党的十八大,十八届三中、四中全会精神,全面贯彻落实市委、市政府重大决策部署,团结全县人民,积极适应经济发展新常态,以"推动产业转型升级,构建有特色的现代产业体系,促进经济又好又快发展"为总目标,全力稳增长、调结构、促改革、惠民生,在调整产业结构、完善基础设施、园区建设、生态文明的发展和社会事业的进步等方面取得了一系列成效,经济建设、生态建设、社会事业建设稳步推进:

(1)经济实力逐渐增强,持续保持承德市首位;

(2)交通条件明显改善,基础设施建设加快;

(3)城乡统筹全面布局,城镇化水平明显提高;

(4)园区建设引力凸显,项目合作批量落地;

(5)水资源保护成效显著,环境治理快速推进;

(6)居民收入持续增加,社会发展和谐进步。

5.3.2　社会经济发展主要目标

本次水资源承载力研究的水平年为现状年 2015 年,规划水平年为 2020 年和 2030 年,近期(2020 年)经济社会发展指标预测以《宽城县国民经济和社会发展第十三个五年规划纲要》(2016 年 1 月)和有关行业发展规划为基本依据;远期(2030 年)经济社会发展指标是参考《宽城满族自治县城乡总体规划(2012—2030 年)规划说明书》进行预测的。

5.3.2.1　十三五规划指导思想

全面贯彻党的十八大和十八届三中、四中、五中全会和省委八届十二次全会,市委十三届八次全会精神,遵循"四个全面"战略布局,树立绿色、转型、创新、开放、协调、共享的发展理念,高举"发展、团结、奋斗"的旗帜,坚持"守住底线、二次创业、率先小康"的主基调,围绕"水源涵养功能区、转型升级引领区、城乡统筹先行区、旅游生态民族县"的发展定位,深入实施"创新驱动、开放活县"两大战略,全力推进"转型升级、城乡统筹、生态涵养、民生建设"四项工程,大力提升新型工业化、信息化、城镇化和农业现代化,统筹推动经济建设、政治建设、文化建设、社会建设、生态文明建设和党的建设,全力打造"经济强县、美丽宽城"。

5.3.2.2　社会经济发展目标

《宽城县国民经济和社会发展第十三个五年规划纲要》中指出:十三五目标的设定,要在符合承德市十三五规划要求的基础上,充分体现宽城县发展实际,做到"一个率先、两个翻番、三个高于"。"一个率先",就是在全县率先建成全面小康县。"两个翻番",就是到十三五末生产总值比 2010 年翻一番,城乡居民收入比 2010 年翻一番。"三个高于",就是城乡一体化进程高于全市平均水平,产业结构调整幅度高于全省平均水平,生态环境质量高于京津冀区域平均水平。

——综合实力跨上新台阶。保持经济平稳较快增长,全县生产总值达到 320 亿元,年均增长 7% 左右,比 2010 年翻一番;城镇居民人均可支配收入、农民人均纯收入分别达到 36 500 元、14 000 元,年均增长 8%,比 2010 年翻一番,在全市率先实现农村贫困人口稳定脱贫。

——转型升级实现新突破。传统产业通过绿色化改造迈向中高端,绿色建材产业成为新的增长点,绿色有机食品产业与现代农业实现良性互动,新材料、新能源产业高点起步、迅速发展,以文化旅游休闲康养产业为主的现代服务业成为新亮点,"三绿两新一文"六大产业支撑县域经济的格局初步形成,三次产业结构更趋合理。

——城乡统筹发展取得重要阶段性成果。基本形成布局合理、设施完善、功能互补、集约高效的现代城镇体系,城乡发展一体化水平显著提高。旅游生态民族县建设初具规模,美丽乡村建设成效明显。

——借力借势协同发展取得显著成效。承接非首都功能疏解取得实质性进展,区域一体化交通网络基本形成,公务服务共建共享取得积极成效,产业联动发展呈现多元化、差异化、特色化态势,基本形成融入京津的全方位开放格局。

——生态文明建设取得新成效。资源、能源消耗和主要污染物排放控制在上级下达指标以内,矿山开采后的地表基本得到恢复。城市集中式饮用水水源地达标率稳定达到100%;县城环境空气质量好于二级标准的天数稳定达到 65% 以上。强调生态修复,实现废水废气等的有效治理和再利用,提高城市的储水蓄水能力,全县森林覆盖率达到 70%以上,建设成为国家环保模范城、国家智慧城市和国家海绵城市。

——社会事业建设和人民生活水平明显提高。居民收入保持快速增长,城乡居民人均可支配收入增速保持在 8% 左右,人民生活更加富裕。居民就业质量显著提高,城镇登记失业率控制在 4.5% 以内。教育、医疗、计生、文化、社保、住房等公共服务体系逐步完善,法治化进程明显加快,群众素质和社会文明程度显著提高。

5.4　社会经济发展指标预测

水资源需求分析的基础是未来的社会经济发展格局。社会经济发展对水资源需求增长的影响,主要体现在:人口增长与城市化进程;GDP 增长速度,各产业增加值;农业发展与灌溉面积增长。上述三方面,在发展进程中既受到某些不确定因素的影响,但也有一些确定性规律可循。在各个方面之间，还同时存在着深刻的内在联系。为了反映各类指标的确定性趋势和不确定性影响，本章采用情景分析的方法，对以县级区为计算单元的社会经济发展态势进行预测。首先，针对上述各类发展指标，综合考虑水资源条件和宽城县发展目标，分别预测其可能出现的上下界范围；其次，根据各个方面之间的内在联系，对各分项指标预测值进行组合，形成不同的发展情景；最后，以这些发展情景作为需水预测的基础。

5.4.1 人口与城市化预测

人口指标包括总人口、城镇人口和农村人口。城镇人口为城镇供水区内使用城镇供水设施的所有用水人口，包括暂住人口和区内农业人口；农村人口为居住在农村，不使用城镇供水设施的用水人口。

5.4.1.1 预测方法

影响县级人口增长的主要因素为生育率、死亡率和县内城乡间的净迁移率。由于县内城乡间的净迁移率涉及城乡间、乡城间、乡乡间三类迁移，在分析数据的基础上，最终形成外迁入的农村与城镇人口和内迁出的农村与城镇人口及内部互迁的人口三类，净迁入值为代数和。从而预测出人口与城镇化率。考虑到人口流动性等方面存在着一定的不确定性有可能影响城镇化率，研究中采用了模型预测与综合分析相结合的方法。

首先结合《宽城县国民经济和社会发展第十三个五年规划纲要》以及《宽城满族自治县城乡总体规划（2012—2030年）规划说明书》等资料确定宽城县在各阶段的人口增长率以及各水平年的城镇化率，然后考虑农村人口向城镇流动等方面的因素，通过模型预测法对宽城县人口发展情况进行预测。

5.4.1.2 人口预测

2015年10月，中共十八届五中全会公报允许普遍二孩政策。全会公报指出：促进人口均衡发展，坚持计划生育的基本国策，完善人口发展战略，全面实施一对夫妇可生育两个孩子政策，积极开展应对人口老龄化行动。

根据公报精神及宽城县十三五规划内容，宽城县呈现总人口逐年上升及城镇化率逐阶段上长的规律。综合考虑农村人口逐步向城镇流动，各乡镇人口向县城所在地宽城镇流动，宽城镇城镇化率最高，其他乡镇次之的原则。由于近年来在城镇买房的农村人口增加，所以预计今后城镇化进程将较现状会有所加快。

1.综合增长率法

以不同口径的人口增长率计算规划期末总人口。公式为

$$P_n = P_0(1 + r)^n$$

式中：P_n 为规划期末人口；P_0 为规划基期人口；r 为综合增长率；n 为规划年期。

宽城县现状人口自然增长率为7.38‰，预测2020年为8.27‰（十三五规划为10‰以下，2030年为10‰，城乡规划为12.5‰）。

宽城县2015年总人口为25.85万人，经预测，2020年为26.9361万人，2030年达到29.7543万人。

2.趋势外推法

根据2005~2015年宽城县总人口变化趋势，构建外推模型如下：

$$Y = 0.2458X - 469.76 \quad (X 为年份)$$

预测总人口规模为:2020 年为 26.76 万人,2030 年为 29.24 万人。

趋势外推法预测结果略低于综合增长率法,本次研究以综合增长率法为准。

宽城县现状城镇化率为 20.72%,根据十三五规划和城乡总体规划数据,年均增长 20%,达到 24.9%,2030 年达到 34.8%。

宽城县现状城镇人口为 5.357 0 万人,经预测,2020 年为 6.698 5 万人,2030 年达到 10.359 0 万人;现状农村人口为 20.493 0 万人,经预测,2020 年为 20.237 6 万人,随着城镇化率的升高,2030 年降至 19.395 2 万人。

宽城县人口发展预测成果详见表 5-1。

表 5-1　宽城县人口发展预测成果

水平年	分区	总人口(万人)	城镇人口(万人)	农村人口(万人)	城镇化率(%)
2015	瀑河	11.900 0	3.860 0	8.040 0	32.4
	青龙河	4.340 0	0.270 0	4.070 0	6.2
	长河	6.450 0	0.890 0	5.560 0	13.8
	滦河干流	0.160 0	0.007 0	0.153 0	4.4
	清河	0.620 0	0.030 0	0.590 0	4.8
	孟子河	1.610 0	0.270 0	1.340 0	16.8
	牛心河	0.770 0	0.030 0	0.740 0	3.9
	合计	25.850 0	5.357 0	20.493 0	20.7
2020	瀑河	12.400 0	4.826 6	7.573 4	38.9
	青龙河	4.522 4	0.337 6	4.184 7	7.5
	长河	6.721 0	1.112 9	5.608 1	16.6
	滦河干流	0.166 7	0.008 8	0.158 0	5.3
	清河	0.646 1	0.037 5	0.608 5	5.8
	孟子河	1.677 6	0.337 6	1.340 0	20.1
	牛心河	0.802 4	0.037 5	0.764 8	4.7
	合计	26.936 2	6.698 5	20.237 6	24.9
2030	瀑河	13.697 3	7.464 2	6.233 1	54.5
	青龙河	4.995 5	0.522 1	4.473 4	10.5
	长河	7.424 2	1.721 0	5.703 1	23.2
	滦河干流	0.184 2	0.013 5	0.170 6	7.4
	清河	0.713 6	0.058 0	0.655 6	8.1
	孟子河	1.853 2	0.522 1	1.331 1	28.2
	牛心河	0.886 3	0.058 0	0.828 3	6.5
	合计	29.754 3	10.359 0	19.395 2	34.8

宽城县人口变化趋势见图5-1,宽城县城镇化率变化趋势见图5-2。

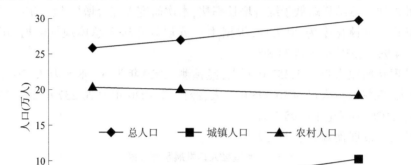

图 5-1　宽城县人口变化趋势

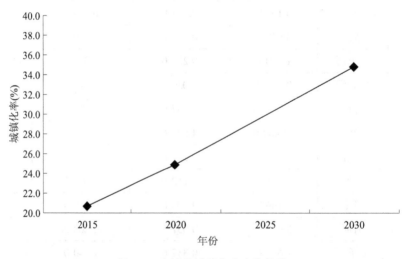

图 5-2　宽城县城镇化率变化趋势

5.4.2　产业结构变化及各产业增加值预测

影响产业结构和经济发展的因素很多,其中较为重要的因素有人口增长和人口的城镇化趋势、经济结构的变化趋势、宏观调控政策、市场因素的影响等,经济发展尽管有许多不确定因素,但也是有规律可以掌握的,国民经济部门的投入与产出关系、各年度最终产品的累积与消费关系、人均收入变化趋势等构成了地区经济发展中长期预测的客观依据,也是进行需水预测的基础和出发点。

2015 年宽城县第一、二、三产业 GDP 比例为 8.9:60.1:31.0,结合《宽城满族自治县国民经济和社会发展十三个五年规划纲要》、《宽城满族自治县城乡总体规划(2012—2030年)规划说明书》及承德市经济发展现状,经预测,2020 年比重为 8.0:52.0:40.0,2030 年比重为 3.0:47.0:50.0,详见表 5-2。

表 5-2　宽城县产业结构比例预测　　　　　　　　　　　　　　　（%）

水平年	第一产业	第二产业	第三产业	合计
2015	8.9	60.1	31.0	100
2020	8.0	52.0	40.0	100
2030	3.0	47.0	50.0	100

长期以来宽城县产业发展过度依赖以铁矿采选为主的采掘业,导致的"伪工业化"特征十分明显,甚至可能形成"荷兰病",严重影响其他产业生产效率的提高,第三产业总体发育缓慢,明显落后于周边地区。在规划水平年,将逐步削弱第二产业比例,逐步发展壮大包括物流、休闲旅游等第三产业。

现状宽城县 GDP 为 197 亿元,人均 GDP 为 7.6 万元,经预测:2020 年 GDP 为 320 亿元,较 2015 年年均增加 12.5%,人均 GDP 为 11.88 万元;2030 年 GDP 为 110 亿元,较 2020 年年均增加 24.4%,人均 GDP 为 36.97 万元。宽城县国民经济各行业发展指标预测成果详见表 5-3。不同水平年人均 GDP 变化情况详见图 5-3。

表 5-3　宽城县国民经济各行业发展指标预测成果　　　　　　　（单位:万元)

水平年	分区	第一产业	第二产业			第三产业			合计
			工业	建筑业	小计	商饮业	服务业	小计	
2015	瀑河	69 196	854 298	38 094	892 392	54 442	221 161	275 603	1 237 191
	青龙河	35 028	47 694	11 859	59 553	20 259	82 299	102 558	197 140
	长河	47 852	135 188	18 042	153 229	27 978	113 654	141 631	342 713
	滦河干流	1 317	1 423	233	1 656	372	1 509	1 881	4 854
	清河	5 078	6 100	1 000	7 100	1 592	6 469	8 061	20 238
	孟子河	11 533	54 897	8 999	63 896	14 331	58 217	72 548	147 977
	牛心河	6 369	6 100	1 000	7 100	1 592	6 469	8 061	21 529
	合计	176 373	1 105 700	79 228	1 184 927	120 566	489 777	610 343	1 971 643
2020	瀑河	95 801	1 199 696	53 496	1 253 192	114 175	463 814	577 989	1 926 982
	青龙河	52 936	66 977	16 654	83 631	42 487	172 596	215 084	351 650
	长河	70 941	189 845	25 336	215 181	58 674	238 352	297 027	583 148
	滦河干流	1 998	1 999	328	2 326	779	3 165	3 945	8 269
	清河	7 698	8 566	1 404	9 970	3 339	13 566	16 905	34 573
	孟子河	16 951	77 092	12 638	89 730	30 055	122 092	152 146	258 827
	牛心河	9 675	8 566	1 404	9 970	3 339	13 566	16 905	36 550
	合计	256 000	1 552 740	111 260	1 664 000	252 849	1 027 151	1 280 000	3 200 000

续表 5-3

水平年	分区	第一产业	第二产业			第三产业			合计
			工业	建筑业	小计	商饮业	服务业	小计	
2030	瀑河	106 053	3 727 421	166 210	3 893 631	490 595	1 992 950	2 483 545	6 483 229
	青龙河	76 112	208 097	51 743	259 840	182 562	741 625	924 187	1 260 139
	长河	97 036	589 842	78 718	668 560	252 115	1 024 171	1 276 286	2 041 882
	滦河干流	2 903	6 210	1 018	7 228	3 348	13 601	16 949	27 080
	清河	11 155	26 614	4 363	30 976	14 349	58 290	72 639	114 771
	孟子河	22 647	239 522	39 266	278 788	129 141	524 613	653 754	955 189
	牛心河	14 093	26 614	4 363	30 976	14 349	58 290	72 639	117 709
	合计	330 000	4 824 319	345 681	5 170 000	1 086 460	4 413 540	5 500 000	11 000 000

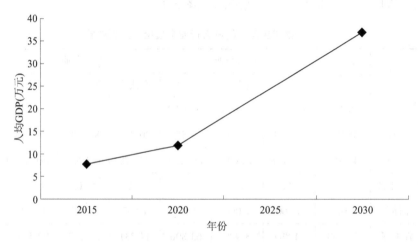

表 5-3 宽城县人均 GDP 变化趋势

5.4.3 灌溉面积发展预测

灌溉面积发展预测包括种植业灌溉面积预测和林果灌溉面积预测两部分。种植业灌溉面和林果灌溉面积发展预测是第一产业需水预测的基础。

5.4.3.1 预测的原则

灌溉面积发展预测根据以下原则进行:以《河北省承德市水务发展"十三五"规划》、《宽城满族自治县国民经济和社会发展第十三个五年规划纲要》为依据,以国家有关宏观政策为控制,尽量满足农业发展和实现粮食基本自给的具体目标,综合考虑后备耕地条件和水资源条件,以及农艺技术进步和灌溉技术进步因素,与经济预测中第一产业的产值发展趋势相互印证,与供水安排反馈调整。遵循"宜农则农、宜林则林、宜草则草"原则,考虑灌溉面积结构调整,做到农、林、牧、渔全面发展;不要求各行政区自给,以大区自给或全区总体要求为目标。

5.4.3.2　灌溉面积预测

1.种植业有效灌溉面积预测

灌溉面积发展预测思路为:分析各区耕地资源及其耕地灌溉率,以明确发展灌溉面积的土地资源;分析各区水资源条件,以明确发展灌溉的水资源保障能力;最后按人均灌溉面积适当保持稳定原则将两者协调。

据调查,宽城县的耕地面积和种灌溉面积近年来的发展情况见表 5-4。

表 5-4　宽城县灌溉面积统计　　　　　　　　　　　　　　（单位:万亩）

年份	耕地面积	灌溉面积	菜田	水田	水浇地	林果
2010	19.5	3.89	0.90	0.12	2.87	0.69
2011	19.2	4.84	0.80	0.14	2.34	1.56
2012	19.0	3.59	0.97	0.17	2.46	1.10
2013	19.2	3.41	0.81	0.10	2.50	2.26
2014	19.2	6.53	3.41	0.10	3.02	7.13
2015	19.2	6.53	3.62	0.10	3.00	7.13

从表 5-4 中数据可以看出:

宽城县耕地面积近几年变化不大,由 2010 年的 19.5 万亩减少到 2015 年的 19.2 万亩;灌溉面积由 2010 年的 3.89 万亩增加到 2015 年的 6.53 万亩,增加了 67.9%。从分项来看,菜田在 2013 年以前变化不大,为 0.8 万~0.97 万亩,到 2014 年后增长较快,2015 年达到 3.62 万亩;水田则呈现了减少的趋势,由 2010 年的 0.12 万亩减少到 2015 年的0.10万亩;而水浇地变化相对较小,由 2010 年的 2.87 万亩增加到 2015 年的 3.00 万亩,略有增加。

宽城县地处山区,人少,地少,农业生产条件相对薄弱。另外,考虑近年来水资源量的紧缺,承德市各县在农田水利建设方面将会以大力发展节水灌溉设施为主,尤其是承德市地处京津地区水源地上游,为保护京津地区水源,近年来采取了一些措施如退耕还林等,今后在京津地区水资源短缺的情况下,势必要适当限制其水源地上游的用水量,特别是农业用水量。

本书在现状灌溉面积的基础上,考虑人口增长,为了保证居民正常生活,菜田将逐年增加,由 2015 年的 3.62 万亩,2020 年增加到 4.53 万亩,2030 年增加到 7.00 万亩;宽城县不适合发展水田,未来水平年将不再考虑水田灌溉面积;水浇地维持现状 3.00 万亩不变。

各分区种植业灌溉面积详细预测成果见表 5-5。

<table>表 5-5 宽城县种植业有效灌溉面积预测成果　（单位:万亩）</table>

水平年	分区	水田	水浇地	菜田	合计
2015	瀑河	0.05	0.90	1.25	2.20
	青龙河	0.06	0.74	0.75	1.55
	长河	0	0.88	0.77	1.65
	滦河干流	0	0.02	0.03	0.05
	清河	0	0.10	0.26	0.36
	孟子河	0	0.18	0.39	0.57
	牛心河	0	0.18	0.17	0.35
	合计	0.11	3.00	3.62	6.72
2020	瀑河	0	0.90	1.56	2.46
	青龙河	0	0.74	0.94	1.68
	长河	0	0.88	0.96	1.84
	滦河干流	0	0.02	0.04	0.06
	清河	0	0.10	0.33	0.43
	孟子河	0	0.18	0.49	0.67
	牛心河	0	0.18	0.21	0.39
	合计	0	3.00	4.53	7.53
2030	瀑河	0	0.90	2.42	3.32
	青龙河	0	0.74	1.45	2.19
	长河	0	0.88	1.49	2.37
	滦河干流	0	0.02	0.06	0.08
	清河	0	0.10	0.50	0.60
	孟子河	0	0.18	0.75	0.93
	牛心河	0	0.18	0.33	0.51
	合计	0	3.00	7.00	10.00

2.林、牧、渔业用水面积预测

1)林果灌溉面积

本次预测林业指标主要为经济林,而经济林中需要稳定灌溉水源的主要是果园。宽城县草场资源贫乏,规划期内无草场灌溉面积。

宽城县 2015 年林果有效灌溉面积为 7.125 万亩,规划水平年不再考虑新增林果灌溉面积,维持现状不变,详见表 5-6。

2)养殖业预测

养殖业指标包括大牲畜和小牲畜,其预测以市场需求为基础,重视农区畜牧业发展,做到农牧结合。

根据统计资料,宽城县 2015 年拥有大牲畜 0.640 5 万头、小牲畜 13.133 8 万头(只);经预测,2020 年分别为 0.704 6 万头、14.447 2 万头(只),2030 年达到 0.768 0 万头、15.747 4万头(只),详见表 5-6。

表 5-6 宽城县林牧渔业用水面积预测成果

水平年	分区	林果(万亩)	草场(万亩)	鱼塘(万亩)	大牲畜(万头)	小牲畜[万头(只)]
2015	瀑河	1.984	0	0	0.259 4	3.799 0
	青龙河	1.765	0	0	0.215 7	5.883 5
	长河	1.796	0	0	0.121 7	2.099 6
	滦河干流	0	0	0	0.002 6	0.071 1
	清河	0.440	0	0	0.005 2	0.325 4
	孟子河	0.810	0	0	0.025 5	0.739 5
	牛心河	0.330	0	0	0.010 4	0.215 7
	合计	7.125	0	0	0.640 5	13.133 8
2020	瀑河	1.984	0	0	0.285 3	4.178 9
	青龙河	1.765	0	0	0.237 3	6.471 9
	长河	1.796	0	0	0.133 9	2.309 6
	滦河干流	0	0	0	0.002 9	0.078 2
	清河	0.440	0	0	0.005 7	0.357 9
	孟子河	0.810	0	0	0.028 1	0.813 5
	牛心河	0.330	0	0	0.011 4	0.237 3
	合计	7.125	0	0	0.704 6	14.447 3
2030	瀑河	1.984	0	0	0.311 0	4.555 0
	青龙河	1.765	0	0	0.258 6	7.054 3
	长河	1.796	0	0	0.145 9	2.517 4
	滦河干流	0	0	0	0.003 1	0.085 2
	清河	0.440	0	0	0.006 2	0.390 2
	孟子河	0.810	0	0	0.030 6	0.886 7
	牛心河	0.330	0	0	0.012 5	0.258 6
	合计	7.125	0	0	0.768 0	15.747 4

3)渔业用水面积预测

由于宽城县地处山区,现状无渔业用水,未来水平年此项产业也不会有所发展。

第6章 需水预测

水利是国民经济的基础产业,水资源作为不可替代的自然资源,在社会经济发展中起着重要的保障作用。随着社会经济的快速发展,人口总量的不断增加和城市化水平的逐步提高,对水资源的需求量将越来越大。合理地预测规划水平年社会经济各部门的需水要求,对有计划地指导水资源开发利用具有重要的意义。需水预测不仅是水供求研究的主要内容,同时也是加强需水管理和制订社会发展规划的重要参考依据。

6.1 预测原则

水资源需求分为生活需水、生产需水和生态需水三大类,其中生活需水包括城镇生活需水和农村生活需水,生产需水包括第一产业(农业)需水、第二产业(工业和建筑业)需水和第三产业(商饮业和服务业)需水。生态需水包括河道内需水和河道外需水。

需水预测遵循以下原则:

(1)以各规划水平年社会经济发展指标为依据,贯彻可持续发展的原则,统筹兼顾社会、经济、生态、环境等各部门发展对水的需求。

(2)考虑水资源紧缺对需水量增长的制约作用,全面贯彻节水方针。

(3)考虑社会主义市场经济体制、经济结构调整和科技进步对未来需水的影响。

(4)重视现状基础调查资料,结合历史情况进行规律分析和趋势分析,力求需水预测符合各区域特点。

(5)合理配置水资源,统筹安排生活用水量、生产用水量和生态环境用水量。

6.2 需水预测

6.2.1 生活需水预测

生活需水包括城镇生活需水和农村生活需水。预测方法采用人均日用水量法。此方法考虑的因素是用水人口和用水定额。用水人口在第5章中已经预测,用水定额以现状用水调查数据为基础,分析历年变化情况,考虑不同水平年城镇居民人均收入水平、水价水平、需水管理、节水器具推广与普及情况、生活用水习惯等,拟定相应的用水定额。

2015年城镇生活用水定额为127.6 L/(人·d)[其中瀑县城所在地的瀑河干流为138.3 L/(人·d),其他河流为100 L/(人·d)];预计到2020年为131.6 L/(人·d)[其中瀑县城所在地的瀑河干流为140.0 L/(人·d),其他河流为110 L/(人·d)];2030年为134.4 L/(人·d)[其中瀑县城所在地的瀑河干流为140.0 L/(人·d),其他河流为120 L/(人·d)]。

2015 年现状条件下农村生活用水毛定额为 52.2 L/(人·d)[其中瀑县城所在地的瀑河干流为 60.0 L/(人·d),其他河流为 47.2 L/(人·d)];预计到 2020 年为 55.6 L/(人·d)[其中瀑县城所在地的瀑河干流为 65.0 L/(人·d),其他河流为 50.0 L/(人·d)];2030 年为 66.4 L/(人·d)[其中瀑县城所在地的瀑河干流为 80.0 L/(人·d),其他河流为 60.0 L/(人·d)]。

2015 年,宽城县城镇生活需水为 249.5 万 m³,农村生活需水为 390.4 万 m³,生活需水合计为 640.0 万 m³。经分析预测,2020 年城镇生活需水为 321.8 万 m³,农村生活需水为 410.8 万 m³,生活需水合计为 732.6 万 m³;2030 年城镇生活需水为 508.2 万 m³,农村生活需水为 470.3 万 m³,生活需水合计为 978.5 万 m³,详见表 6-1,不同水平年生活需水变化情况详见图 6-1。

表 6-1 宽城县生活需水预测成果 （单位:万 m³)

水平年	分区	城镇生活	农村生活	合计
2015	瀑河	194.9	176.1	371.0
	青龙河	9.9	70.1	79.9
	长河	32.5	95.7	128.2
	滦河干流	0.3	2.6	2.9
	清河	1.1	10.2	11.3
	孟子河	9.9	23.1	32.9
	牛心河	1.1	12.7	13.8
	合计	249.7	390.4	640.0
2020	瀑河	246.6	179.7	426.3
	青龙河	13.6	76.4	89.9
	长河	44.7	102.3	147.0
	滦河干流	0.4	2.9	3.2
	清河	1.5	11.1	12.6
	孟子河	13.6	24.5	38.0
	牛心河	1.5	14.0	15.5
	合计	321.8	410.8	732.6
2030	瀑河	381.4	182.0	563.4
	青龙河	22.9	98.0	120.8
	长河	75.4	124.9	200.3
	滦河干流	0.6	3.7	4.3
	清河	2.5	14.4	16.9
	孟子河	22.9	29.2	52.0
	牛心河	2.5	18.1	20.7
	合计	508.2	470.3	978.5

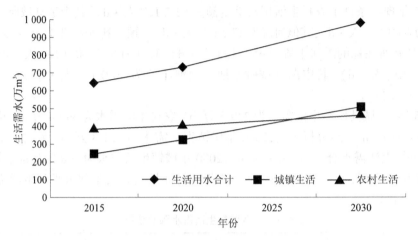

图 6-1　宽城县不同水平年生活需水变化趋势

由于城镇化率的提高,城镇生活需水量大幅度提高;农村人口相对减少,但农村生活水平提高,人均用水量增加,这两个因素使得农村生活用水量略有上升。

6.2.2　生产需水预测

6.2.2.1　第一产业需水预测

第一产业需水主要包括种植业灌溉需水,林果及草场灌溉需水、渔塘补水以及牲畜饮用需水。

灌溉需水是通过蓄、引、提等工程设施向农田、林地、草场供水,以满足需水要求。本次研究中农业灌溉需水预测采用定额法,涉及两个关键指标:各种类型作物灌溉定额和灌溉面积。灌溉用水定额是在规定位置和规定水文年型下会议室的某种作物在一个生育期内单位面积的灌溉用水量,宽城县第一产业需水定额预测成果详见表6-2。

表 6-2　宽城县第一产业需水定额预测成果

水平年	分区	水田 (m³/亩)	水浇地 (m³/亩)	菜田 (m³/亩)	林果 (m³/亩)	大牲畜 [L/(头·d)]	小牲畜 [L/(头·d)]
2015	宽城县	500	110	400	209	30.0	15.0
2020	宽城县		100	350	155	30.0	15.0
2030	宽城县		80	251	108.3	30.0	15.0

其中,水浇地现状用水定额为110 m³/亩,已经为节水灌溉定额,未来水平年考虑进一步节水,2020 年和2030 年分别为100 m³/亩、80 m³/亩;菜田现状灌溉定额为400 m³/亩,未来水平年考虑增加大棚蔬菜种植面积及采取节水措施等,2020 年用水定额降至350 m³/亩,2030 年为251 m³/亩;林果现状灌溉定额为209 m³/亩,未来水平年考虑地面沟灌和地面微灌,2020 年降至155 m³/亩,2030 年为108.3 m³/亩。

牲畜用水按日用水定额法预测,大牲畜和小牲畜不同水平年用水指标分别为30.0 L/(头·d)和15.0 L/(头·d)。

经分析预测:2015 年现状第一产业需水量为 3 396 万 m³,规划水平年 2020 年、2030 年第一产业需水量分别为 3 075 万 m³、2 782 万 m³。

从整体上来看,第一产业需水量变化不大,从 2015 年的 3 396 万 m³ 减少到 2030 年的 2 782 万 m³。其中,水田灌溉需水量由现状年的 50.0 万 m³ 减少到规划水平年的 0,水浇地灌溉需水量由现状年的 330.0 万 m³ 减少到 2030 年的 240.0 万 m³,年均减少 1.82%;由于菜田面积的增加,菜田灌溉需水量在规划水平年呈增加的趋势,由现状年的 1 448.0 万 m³ 增加到 2030 年的 1 757.0 万 m³,年均增加 1.42%;规划水平年,林果节水灌溉逐步实施,林果灌溉用水量呈逐年减少的趋势,由现状年的 1 489.0 万 m³ 减少到 2030 年的 689.9 万 m³,年均减少 3.58%。第一产业需水量成果详见表 6-3,不同水平年第一产业需水变化趋势详见图 6-2。

表 6-3　宽城县第一产业需水预测成果　　　　　　　　　　　　(单位:万 m³)

水平年	分区	水田	水浇地	菜田	林果	牲畜	合计
2015	瀑河	22.5	99.0	500.0	414.7	23.6	1 059.8
	青龙河	27.5	81.4	300.0	368.9	34.6	812
	长河	0	96.8	308.0	375.4	12.8	793
	滦河干流	0	2.2	12.0	0	0.4	15
	清河	0	11.0	104.0	92.0	1.8	209
	孟子河	0	19.8	156.0	169.3	4.3	349
	牛心河	0	19.8	68.0	69.0	1.3	158
	合计	50.0	330.0	1 448.0	1 489.0	78.9	3 396
2020	瀑河	0	90.0	547.1	307.5	26.0	971
	青龙河	0	74.0	328.2	273.6	38.0	714
	长河	0	88.0	337.0	278.4	14.1	717
	滦河干流	0	2.0	13.1	0	0.5	16
	清河	0	10.0	113.8	68.2	2.0	194
	孟子河	0	18.0	170.7	125.6	4.8	319
	牛心河	0	18.0	74.4	51.2	1.4	145
	合计	0	300.0	1 584	1 104	86.8	3 075
2030	瀑河	0	72.0	606.7	214.9	28.3	922
	青龙河	0	59.2	364.0	191.1	41.5	656
	长河	0	70.4	373.7	194.5	15.4	654
	滦河干流	0	1.6	14.6	0	0.5	17
	清河	0	8.0	126.2	47.7	2.2	184
	孟子河	0	14.4	189.3	6.0	5.2	215
	牛心河	0	14.4	82.5	35.7	1.6	134
	合计	0	240.0	1 757.0	689.9	94.6	2 782

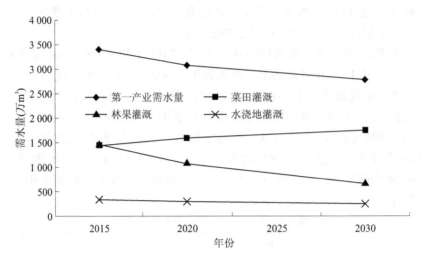

图 6-2　宽城县不同水平年第一产业需水变化趋势

在水资源供需分析中,因为要进行月调节计算,所以此处要根据农作物种植情况,结合灌溉制度,以月为时段,预测农业需水过程,即计算农业需水量的月分配系数。本研究中农业需水量月分配系数是根据调查数据结合各种参考资料得出的,其中菜田考虑了各月大棚种植蔬菜的需水要求。宽城县农业用水月分配系数见表6-4。

表 6-4　宽城县农业用水月分配系数

类别	1月	2月	3月	4月	5月	6月	7月	8月	9月	10月	11月	12月	合计
水田	0	0	0	0.04	0.19	0.21	0.22	0.19	0.1	0.05	0	0	1
水浇地	0	0	0	0.075	0.075	0.21	0.25	0.25	0.075	0.065	0	0	1
菜田	0.01	0.01	0.01	0.07	0.13	0.2	0.21	0.2	0.13	0.01	0.01	0.01	1
林果	0	0	0.123	0.123	0.09	0.116	0.079	0.116	0.107	0.123	0.123	0	1

6.2.2.2　第二产业需水预测

第二产业包括工业和建筑业。工业需水预测是一项比较复杂的工作,涉及的因素较多。工业需水的变化与今后工业发展布局、产业结构的调整和生产工艺水平的改进等因素密切相关。工业发展布局和产业结构的调整在工业用水指标预测中已经考虑。目前,工业需水量预测方法有:趋势法、产值相关法(也称定额法)、重复利用率提高法、分块预测法(亦称分行业预测法)以及系统动力学法等。本书主要采用定额法来预测需水,所以正确预测工业需水定额相当关键。

工业用水定额预测的影响因素有:①行业生产性质及产品结构;②用水水平、节水程度;③企业生产规模;④生产工艺、生产设备及技术水平;⑤用水管理与水价水平;⑥自然因素与取水(供水)条件。

宽城县是典型的资源依赖型县域经济,坚持用先进工艺、现代装备和信息技术改造提升黑色金属采选及冶炼压延业，推动传统产业的绿色化改造。转变传统矿产资源开发利用模式，围绕"既要促进经济发展，又要保障青山绿水"的目标，加快推进绿色矿山建设，实现资源开发的经济效益、生态效益和社会效益的协调统一，转变单纯以消耗资源、破坏生态为代价的开发利用方式，推动矿业走节约、清洁、安全的绿色发展道路。

现状万元工业增加值用水量为 23.0 m^3，到 2020 年，大中型矿山达到绿色矿山标准，万元工业增加值用水量下降到 19.6 m^3，年均下降 3.0%；随着循环经济的发展，工业逐步转型升级，到 2030 年万元工业增加值用水量为 11.7 m^3，年均下降 4.0%，接近天津市 2009 年水平(11.8 m^3)，详见表 6-5。

建筑业需水预测方法同工业需水预测，其用水定额是在河北省用水定额的基础上确定的，现状万元建筑业增加值用水量为 15.0 m^3，未来水平年考虑节水措施，2020 年和 2030 年分别为 12.0 m^3、6.6 m^3，详见表 6-5。

表 6-5　宽城县第二、三产业需水定额预测成果　　（单位：m^3/万元）

水平年	工业	建筑业	商饮业	服务业
2015	20.3	15.0	25.0	30.0
2020	19.6	12.0	18.8	22.5
2030	11.7	6.6	7.5	9.0

经分析计算，2015 年第二产业需水量为 2 622.0 万 m^3，其中工业需水量为 2 543.2 万 m^3，建筑业需水量为 118.8 万 m^3；预计 2020 年第二产业需水量为 3 168.6 万 m^3，其中工业需水量为 3 035.0 万 m^3，建筑业需水量为 133.6 万 m^3；2030 年达到 5 887.0 万 m^3，其中工业需水量为 5 658.7 万 m^3，建筑业需水量为 228.3 万 m^3。

宽城县第二、三产业需水量预测成果详见表 6-6。

表 6-6　宽城县第二、三产业需水预测成果　　（单位：万 m^3）

水平年	分区	第二产业			第三产业			合计
		工业	建筑业	小计	商饮业	服务业	小计	
2015	瀑河	1 965	57.1	2 022.1	136.1	663.5	799.6	2 821.7
	青龙河	109.7	17.8	127.5	50.6	246.9	297.5	425.0
	长河	310.9	27.1	338.0	69.9	341.0	410.9	748.9
	滦河干流	3.3	0.3	3.6	0.9	4.5	5.4	9.0
	清河	14.0	1.5	15.5	4.0	19.4	23.4	38.9
	孟子河	126.3	13.5	139.8	35.8	174.7	210.5	350.3
	牛心河	14.0	1.5	15.5	4.0	19.4	23.4	38.9
	合计	2 543.2	118.8	2 662.0	301.3	1 469.4	1 770.7	4 433

水平年	分区	第二产业			第三产业			合计
		工业	建筑业	小计	商饮业	服务业	小计	
2020	瀑河	2 345.0	64.2	2 409.2	214.1	1 044.0	1 258.1	3 667.3
	青龙河	130.9	20.0	150.9	79.7	388.3	468.0	618.9
	长河	371.1	30.4	401.5	110.0	536.3	646.3	1 048
	滦河干流	3.9	0.4	4.3	1.5	7.1	8.6	12.9
	清河	16.7	1.7	18.4	6.3	30.5	36.8	55.2
	孟子河	150.7	15.2	165.9	56.4	274.7	331.1	497.0
	牛心河	16.7	1.7	18.4	6.3	30.5	36.8	55.2
	合计	3 035.0	133.6	3 168.6	474.3	2 311.4	2 785.7	5 954.5
2030	瀑河	4 372	109.7	4 481.7	367.9	1 794	2 161.9	6 643.6
	青龙河	244.1	34.2	278.3	136.9	667	803.9	1 082.2
	长河	691.9	52.0	743.9	189.1	922	1 111.1	1 855
	滦河干流	7.3	0.7	8.0	2.5	12.2	14.7	22.7
	清河	31.2	2.9	34.1	10.8	52.5	63.3	97.4
	孟子河	281.0	25.9	306.9	96.9	472	568.9	875.8
	牛心河	31.2	2.9	34.1	10.8	52.5	63.3	97.4
	合计	5 658.7	228.3	5 887.0	814.9	3 972.2	4 787.1	10 674.1

6.2.2.3 第三产业需水预测

第三产业包括商饮业和服务业,按照以前用水分类口径,第三产业划分在大工业中,用水定额是在工业中加以考虑的,所以对于商饮业和服务业万元增加值用水量可供参考的资料非常少,确定起来比较难,本书中第三产业用水定额的确定是以河北省用水定额作为参考,综合分析加以确定的,在未来水平年考虑进一步节水,并且逐步拉近与邻近发达地区的用水水平,分析结果详见表6-5。

经分析预测,宽城县 2015 年第三产业需水量为 1 771.0 万 m³,其中商饮业需水量 301.4 万 m³,服务业需水量 1 469 万 m³;预计 2020 年需水量为 2 785.0 万 m³,其中商饮业需水量 474.1 万 m³,服务业需水量 2 311 万 m³;2030 年达到 4 787.0 万 m³,其中商饮业需水量 814.8 万 m³,服务业需水量 3 972 万 m³,详见表6-6。第二、三产业需水变化趋势详见图6-3。

从整体上来看,宽城县第二、三产业需水量变化相对较大,从 2015 年的 4 433 万 m³增加到 2030 年的 10 674 万 m³,年均增加 1.41%。其中第二产业从 2015 年的 2 662.0 万 m³增加到 2030 年的 5 887.0 万 m³,年均增加 1.21%;第三产业从 2015 年的 1 771.0 万 m³增加到 2030 年的 4 787.0 万 m³,年均增加 1.70%,增加的幅度略大于第二产业。

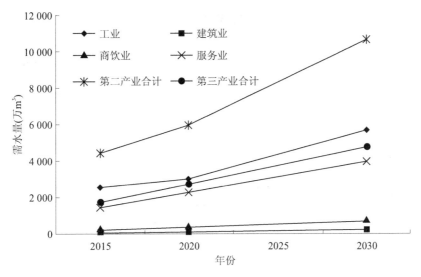

图 6-3　宽城县不同水平第二、三产业需水变化趋势图

6.2.3　生态需水预测

生态环境需水量是指为改善生态环境质量或维护生态环境质量不至于进一步下降时生态环境系统所需要的水量。从生态环境需水量的定义可以看出,生态环境需水量具有相对性,不同的生态环境、不同的生态环境保护策略(如改善策略、维持策略等)下的生态环境需水量是不同的。

本书在进行生态需水预测时,仅考虑了河道外用水中的城镇生态环境美化用水,包括绿化用水、城镇河湖补水、环境卫生用水等,对其他河道外用水以及河道内用水在供需分析中,通过控制河流最小基流量的比例,从而间接对生态环境需水予以考虑。

生态环境需水预测以城镇人口为基础,采用人均城镇人口用水定额法。用城镇人口乘以用水定额即为生态需水量。现状宽城县城镇生态环境美化净用水定额为 10 m³/城镇人口,随着经济的发展以及对环境的重视,2020 年增加到 12 m³/城镇人口,2030 年为 15 m³/城镇人口。

经分析预测,宽城县 2015 年生态需水量为 53.6 万 m³,预计 2020 年为 80.4 万 m³,2030 年达到 155.4 万 m³。

6.2.4　总需水量

综合以上生活、生产、生态需水预测成果分析,宽城县现状年总需水量为 8 522 万 m³,2020 年全县总需水量为 9 843 万 m³,较 2015 年年均增加 19.7%;2030 年全县总需水量为 14 590 万 m³,较 2020 年年均增加 4.8%,体现了未来水平年宽城县经济的发展以及节水工业的显著成效。

宽城县总需水预测成果详见表 6-7,总需水变化趋势详见图 6-4。

表 6-7　宽城县总需水预测成果　　　　　（单位：万 m³）

| 水平年 | 分区 | 生活 | 生产 | | | | 生态 | 合计 |
			第一产业	第二产业	第三产业	小计		
2015	瀑河	371.0	1 060	2 022.0	799.6	3 881.6	113.6	4 366
	青龙河	79.9	812.4	127.5	297.5	1 237	2.7	1 320
	长河	128.2	793.0	338.0	410.9	1 542	8.9	1 679
	滦河干流	2.9	14.6	3.6	5.5	23.7	0.1	26.7
	清河	11.3	208.8	15.5	23.4	247.7	0.3	259.3
	孟子河	32.9	349.4	139.8	210.5	699.7	2.7	735.3
	牛心河	13.8	158.1	15.5	23.4	197.0	0.3	211.1
	合计	640.0	3 396	2 662.0	1 771	7 829	129	8 597
2020	瀑河	426.3	971	2 409.6	1 258	4 638	136	5 200
	青龙河	89.9	713.8	150.9	468.0	1 333	4.1	1 427
	长河	147.0	717.5	401.5	646.3	1 765	13.4	1 926
	滦河干流	3.2	15.6	4.3	8.6	28.5	0.1	31.8
	清河	12.6	194.0	18.4	36.8	249.2	0.5	262.3
	孟子河	38.0	319.0	165.9	331.1	815.9	4.1	858.0
	牛心河	15.5	145.0	18.4	36.8	200.2	0.5	216.1
	合计	732.6	3 075	3 169	2 785	9 030	158.4	9 921
2030	瀑河	563.4	922	4 482	2 162	7 565	194.0	8 323
	青龙河	120.8	655.8	278.2	804.4	1 738	7.8	1 867
	长河	200.3	654.0	743.8	1 110.8	2 509	25.8	2 735
	滦河干流	4.3	16.7	8.0	14.8	39.4	0.2	43.9
	清河	16.9	184.1	34.1	63.2	281.4	0.9	299.1
	孟子河	52.0	214.9	306.9	569.0	1 091	7.8	1 151
	牛心河	20.7	134.2	34.1	63.2	231.5	0.9	253.1
	合计	978.5	2 782	5 887	4 787	13 456	237.4	14 672

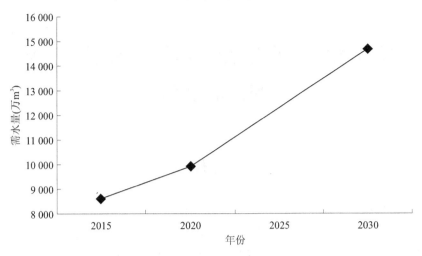

图 6-4 宽城县不同水平年总需水变化趋势

第7章 可供水量预测和水资源供需分析

7.1 可供水量

可供水量是指在不同来水条件下,工程设施根据需水要求可提供的水量。可供水量分为单项工程可供水量和区域可供水量。区域内可供水量是由新增工程和原有工程所组成的供水系统,根据规划水平年的需水要求,经过调节计算后得出。

可供水量预测目的:结合本地区实际情况,在经济合理、技术可行的条件下,侧重从资源的角度提出不同开发方案的可供水量,提出不同水平年不同频率的可供水量。

7.1.1 预测方法

可供水量预测以各计算单元为基础。蓄水工程的可供水量预测根据来水条件、工程规模和规划水平年的需水量,直接进行调节计算。引提水工程和地下水工程可供水量的预测是从水资源量能否满足需水角度出发,对不同水平年不同需水情况下地表水引提水供水能力和地下水供水能力进行预测。计算时将地下水和地表水看成一个整体来考虑,计算公式为

$$W_{可供水量} = \sum_{i=1}^{t} \min(Q_i, H_i, X_i)$$

式中:Q_i 为水资源量;H_i 为地表水工程引提水能力及地下水源井开采能力;X_i 为需水量;t 为计算时段数。

根据预测的目的,工程的供水能力等于需水量。

建立可供水量预测模型后,根据需水要求和水资源情况联合进行调节计算。全县的可供水量是在计算单元调节计算的基础上进行的,根据单元计算结果进行汇总,并对汇总成果进行了必要的协调和调整。在汇总过程中根据未来社会经济发展,供水工程的资金投入、建设及实际发挥效益的可能性,对规划期供水增长趋势和可供水量在地区分布上的合理性进行分析。

7.1.2 不同水平年不同频率可供水量预测

在工程建设方面,不考虑新增地表水蓄水工程,只考虑在用水需求增加的情况下,地表水引提水工程和地下水工程随着需水量增加而自然增加。

本区域为山区,地表水和地下水之间没有明显的界限,地表径流和地下径流相互转换频繁。向河道的径流排泄补给河道地表水是地下水的主要排泄方式,当地下水开采较大

时,由地下水补给地表水转变为地表水渗漏补给地下水,所以山区地表径流和地下径流是一个有机的整体,我们把地表水引提水工程和地下水工程一同来考虑。

地表水引提水工程和地下水工程是相对于蓄水工程而言的,一般投资小,建设周期短,用水户经水行政主管部门审批后可自行建设,解决用水需求,所以认为,地表水引提水工程和地下水工程随着需水量增加而自然增加。但地表水蓄水工程的新建和更新改造,一般工程规模大,投资巨大,建设周期长,不是一般用水户能够自行解决的,只有政府部门根据社会经济规划和水利规划具体实施。

经模型调节计算,现状 2015 年,宽城县 20%、50%、75% 和 95% 频率可供水量分别为 8 522 万 m^3、8 478 万 m^3、8 330 万 m^3、7 218 万 m^3;2020 年 20%、50%、75% 和 95% 频率可供水量分别为 9 843 万 m^3、9 764 万 m^3、9 436 万 m^3、7 669 万 m^3;2030 年 20%、50%、75% 和 95% 频率可供水量分别为 14 590 万 m^3、13 565 万 m^3、11 779 万 m^3、9 000 万 m^3,详见表 7-1~表 7-3。

表 7-1 现状年宽城县水资源供需分析结果

频率	分区	总需水量(万 m^3)	可供水量(万 m^3)	总缺水(万 m^3)	缺水率(%)
20%	瀑河	4 366	4 366	0	0
	青龙河	1 320	1 320	0	0
	长河	1 679	1 679	0	0
	滦河干流	26.7	26.7	0	0
	清河	259.3	259.3	0	0
	孟子河	735.3	735.3	0	0
	牛心河	211.1	211.1	0	0
	合计	8 597.4	8 597.4	0	0
50%	瀑河	4 366	4 366	0	0
	青龙河	1 320	1 320	0	0
	长河	1 679	1 670	8.8	0.5
	滦河干流	26.7	26.7	0	0
	清河	259.3	252.8	6.5	2.6
	孟子河	735.3	727.3	8.0	1.1
	牛心河	211.1	210.9	0	0.1
	合计	8 597.4	8 574	23.4	0.3
75%	瀑河	4 366	4 245	120.6	2.8
	青龙河	1 320	1 320	0	0
	长河	1 679	1 658	21.3	1.3
	滦河干流	26.7	26.7	0	0

续表 7-1

频率	分区	总需水量(万 m³)	可供水量(万 m³)	总缺水(万 m³)	缺水率(%)
75%	清河	259.3	236.1	23.1	9.8
	孟子河	735.3	720.4	14.9	2.1
	牛心河	211.1	208.3	2.8	1.4
	合计	8 597.4	8 415	182.8	2.2
95%	瀑河	4 366	3 413	952.6	27.9
	青龙河	1 320	1 298	22.1	1.7
	长河	1 679	1 558	120.5	7.7
	滦河干流	26.7	26.7	0	0
	清河	259.3	183.0	76.3	41.7
	孟子河	735.3	670.1	65.2	9.7
	牛心河	211.1	184.9	26.2	14.2
	合计	8 597.4	7 334	1 263	17.2
多年平均	瀑河	4 366	4 366	0	0
	青龙河	1 320	1 320	0	0
	长河	1 679	1 679	0	0
	滦河干流	26.7	26.7	0	0
	清河	259.3	259.3	0	0
	孟子河	735.3	735.3	0	0
	牛心河	211.1	211.1	0	0
	合计	8 597.4	8 597.4	0	0

表 7-2 2020 年宽城县水资源供需分析结果

频率	分区	总需水量(万 m³)	可供水量(万 m³)	总缺水(万 m³)	缺水率(%)
20%	瀑河	5 200	5 200	0	0
	青龙河	1 427	1 427	0	0
	长河	1 926	1 926	0	0
	滦河干流	31.8	31.8	0	0
	清河	262.3	262.3	0	0
	孟子河	858.0	858.0	0	0
	牛心河	216.1	216.1	0	0
	合计	9 921.2	9 921.2	0	0

续表 7-2

频率	分区	总需水量（万 m³）	可供水量（万 m³）	总缺水（万 m³）	缺水率（%）
50%	瀑河	5 200	5 176	24	0
	青龙河	1 427	1 427	0	0
	长河	1 926	1 901	24.9	1.3
	滦河干流	31.8	31.8	0	0
	清河	262.3	256.6	5.7	2.2
	孟子河	858.0	839.1	18.9	2.3
	牛心河	216.1	216.1	0	0
	合计	9 921.2	9 847	73.3	0.7
75%	瀑河	5 200	4 867	332.6	6.8
	青龙河	1 427	1 427	0	0
	长河	1 926	1 875	50.8	2.7
	滦河干流	31.8	31.8	0	0
	清河	262.3	238.8	23.5	9.8
	孟子河	858.0	818.8	39.2	4.8
	牛心河	216.1	213.7	2.5	1.1
	合计	9 921.2	9 472	448.6	4.7
95%	瀑河	5 200	3 610	1 590	44.0
	青龙河	1 427	1 392	34.5	2.5
	长河	1 926	1 707	218.6	12.8
	滦河干流	31.8	31.8	0	0
	清河	262.3	184.0	78.3	42.6
	孟子河	858.0	728.1	129.9	17.8
	牛心河	216.1	187.8	28.3	15.1
	合计	9 921.2	7 841	2 079	26.5
多年平均	瀑河	5 200	5 200	0	0
	青龙河	1 427	1 427	0	0
	长河	1 926	1 926	0	0
	滦河干流	31.8	31.8	0	0
	清河	262.3	262.3	0	0
	孟子河	858.0	858.0	0	0
	牛心河	216.1	216.1	0	0
	合计	9 921	9 921	0	0

表 7-3　2030 年宽城县水资源供需分析结果

频率	分区	总需水量(万 m³)	可供水量(万 m³)	总缺水(万 m³)	缺水率(%)
20%	瀑河	8 323	8 323	0	0
	青龙河	1 867	1 867	0	0
	长河	2 735	2 735	0	0
	滦河干流	43.9	43.9	0	0
	清河	299.1	299.1	0	0
	孟子河	1 151	1 151	0	0
	牛心河	253.1	253.1	0	0
	合计	14 672.1	14 672	0	0
50%	瀑河	8 323	7 436	886.6	11.9
	青龙河	1 867	1 867	0	0
	长河	2 735	2 552	183.0	7.2
	滦河干流	43.9	43.9	0	0
	清河	299.1	290.3	8.9	3.0
	孟子河	1 151	1 075	75.9	7.1
	牛心河	253.1	250.9	2.2	0.9
	合计	14 672	13 515	1 156	8.6
75%	瀑河	8 323	5 897	2 425	41.1
	青龙河	1 867	1 860	6.7	0.4
	长河	2 735	2 331	404.2	17.3
	滦河干流	43.9	43.9	0	0
	清河	299.1	260.5	38.7	14.8
	孟子河	1 151	971.0	179.6	18.5
	牛心河	253.1	246.2	6.9	2.8
	合计	14 672	11 610	3 062	26.4
95%	瀑河	8 323	4 151	4 172	100.5
	青龙河	1 867	1 738	129.4	7.4
	长河	2 735	1 963	771.6	39.3
	滦河干流	43.9	43.9	0	0
	清河	299.1	198.6	100.6	50.7
	孟子河	1 151	809.7	340.9	42.1
	牛心河	253.1	210.6	42.4	20.1
	合计	14 672	9 115	5 557	61.0

续表 7-3

频率	分区	总需水量(万 m³)	可供水量(万 m³)	总缺水(万 m³)	缺水率(%)
多年平均	瀑河	8 323	8 243	80	1.0
	青龙河	1 867	1 867	0	0
	长河	2 735	2 735	0	0
	滦河干流	43.9	43.9	0	0
	清河	299.1	298.8	0	0
	孟子河	1 151	1 151	0	0
	牛心河	253.1	253.1	0	0
	合计	14 672	14 591	80	1

7.2 供需分析

水资源供需分析是以系统分析的理论与方法,综合考虑社会、经济、环境和资源的相互关系,分析不同发展时期、不同频率的水资源供需状况。在此基础上,综合评价对社会、经济和环境发展的作用与影响,规划工程的必要性及合理性,为制订水资源中长期供求计划及有关对策措施提供依据。

未来水资源的供需状况既是历史与现状发展趋势的合理外延,也是人口增长、经济发展、科技水平提高和水资源开发利用等相互作用的动态变化结果。本书以宽城县各河为计算单元,综合考虑水资源与社会、经济、环境之间的相互影响与相互制约的关系,各分区间的非均衡增长和层次间的相互联系与制约等特点。通过建立水资源供需分析模型,按照整个系统规划与管理运行的目标进行协调与计算分析。

7.2.1 分析方法

(1)采用分区平衡计算、综合汇总协调的方法。计算单元是供需分析计算的基础,宽城县各河流是进行供需分析及对策研究的重点。全县成果按河流进行综合汇总分析和协调。

(2)计算单元的供需分析,根据用户需水要求,考虑供需关系的互相影响,按照可供水量的预测方法,以月为调算最小时段,逐时段进行分析计算。

(3)河道内用水与河道外用水既相互联系又相互影响,河道内用水采用定量与定性相结合的方式单独进行,不参加河道外用水的平衡分析。在区域供需分析中要相互协调、统筹兼顾。

7.2.2 供需分析结果

供需分析结果详见表 7-1~表 7-3。

用不同水平年的需水量分别按供需分析方法作用于不同频率的水资源系列上,逐月求出各分区的可供水量和缺水量,得到各用水水平年逐个分不同频率的水量供需分析成果。该成果表明:缺水主要是由水资源年内分配不均匀,部分月份水量较小,不能满足用水量的要求造成的。

从供需分析结果可以看出:宽城县从现状年到 2030 年的需水量增长趋势比较明显,供水量整体上也呈增长趋势,而缺水量从 2020 年到 2030 年逐步扩大。详细分析如下:

现状 2015 年全县需水量为 8 597.4 万 m³,20%频率可供水量为 8 597.4 万 m³,缺水量为 0;50%频率可供水量为 8 574 万 m³,缺水量为 23.4 万 m³,缺水率为 0.3%;75%频率可供水量为 8 415 万 m³,缺水量为 182.8 万 m³,缺水率为 2.2%;95%频率可供水量为 7 334 万 m³,缺水量为 1 263 万 m³,缺水率为 17.2%。

2020 年全县需水量为 9 921.2 万 m³,20%频率可供水量为 9 921.2 万 m³,缺水量为 0;50%频率可供水量为 9 847 万 m³,缺水量为 73.3 万 m³,缺水率为 0.7%;75%频率可供水量为 9 472 万 m³,缺水量为 448.6 万 m³,缺水率为 4.7%;95%频率可供水量为 7 841 万 m³,缺水量为 2 079 万 m³,缺水率为 26.5%。

2030 年全县需水量为 14 672.1 万 m³,20%频率可供水量为 14 672.1 万 m³,50%频率可供水量为 13 515 万 m³,缺水量为 1 156 万 m³,缺水率为 8.6%;75%频率可供水量为 11 610万 m³,缺水量为 3 062 万 m³,缺水率为 264%;95%频率可供水量为 9 115 万 m³,缺水量为 5 557 万 m³,缺水率为 61.0%。

50%、75%和 95%频率需水量与可供水量对照见图 7-1～图 7-3;50%、75%和 95%频率各河缺水率对照见图 7-4～图 7-6。

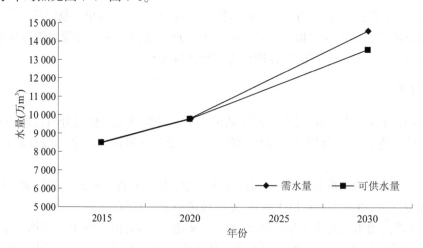

图 7-1　宽城县需水量与可供水量对照(50%频率)

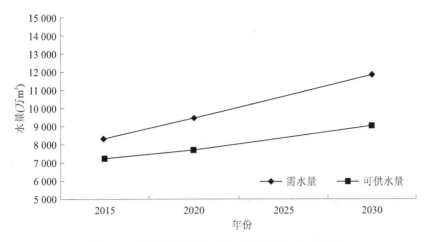

图 7-2　宽城县需水量与可供水量对照 (75% 频率)

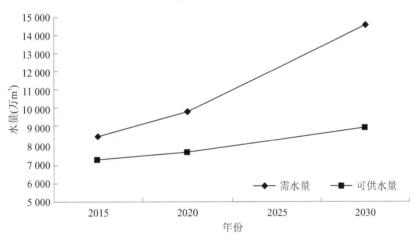

图 7-3　宽城县需水量与可供水量对照 (95% 频率)

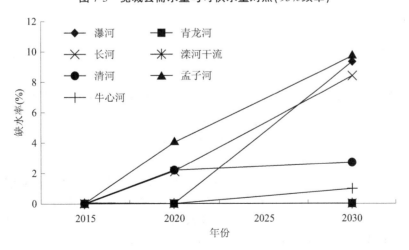

图 7-4　宽城县各河缺水率对照 (50% 频率)

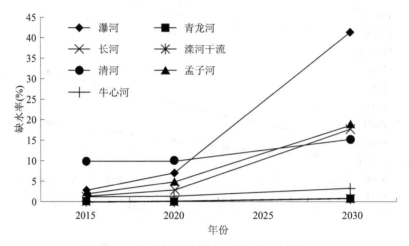

图 7-5 宽城县各河缺水率对照(75%频率)

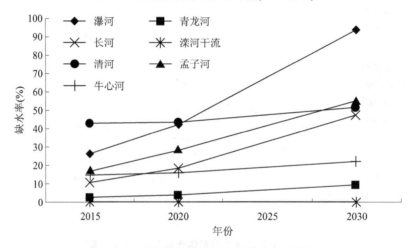

图 7-6 宽城县各河缺水率对照(95%频率)

从图中可以看出:

50%、75%和95%频率,由于未来水平年经济的发展,用水需求加大,且宽城县水资源量的局限性及时空分布的不均匀性,导致各个河流不同程度出现缺水现象。

50%和75%频率,以宽城县瀑河、长河和孟子河缺水最为严重。瀑河到2030年,缺水量分别为699.8万 m³、2 058万 m³,占该区域总需水量的8.5%、25.0%;长河到2030年,缺水量分别为211.5万 m³、463.5万 m³,占该区域总需水量的7.7%、16.9%;孟子河到2030年,缺水量分别为102.7万 m³、463.5万 m³,占该区域总需水量的8.9%、20.6%。

95%频率,以宽城县瀑河、长河、清河和孟子河缺水最为严重。瀑河到2030年,缺水量达3 992万 m³,占该区域总需水量的48.4%;长河到2030年,缺水量为882.4万 m³,占该区域总需水量的32.3%;清河到2030年,缺水量为101.9万 m³,占该区域总需水量的34.1%,孟子河到2030年,缺水量为410.9万 m³,占该区域总需水量的35.7%。

上述情况下,水资源供需矛盾突出,尤其是特别枯水年,水质将恶化,必须调整用水方案。

第 8 章　地下水保护研究

8.1　研究目标

宽城县水资源较丰富,但近几年持续干旱,水资源相对短缺,工农业及生活多以开发利用地下水,而地下水的间接补给源——地表水污染相当严重,造成地下水也被污染,针对这种情况,有必要研究地下水水质状况,分析其变化原因,提出相应措施,合理开发利用水资源,保护好地下水资源,促进承德市的经济发展。

根据宽城县地下水的基础资料,评价各基本保护单元的地下水开发利用、水质和与地下水相关的生态与环境状况等,合理确定地下水分区保护目标,实施宽城县地下水保护工程方案。

8.2　浅层地下水污染脆弱性评价

地下水污染固有脆弱性评价指标包括含水层厚度、含水层介质类型、含水层给水度、含水层渗透系数、土壤类型,地下水污染外界胁迫脆弱性评价指标包括地下水净补给量、地下水开采强度、地下水埋深、地下水运移速度、土地利用强度等。

宽城县含水层较薄,含水层厚度平均为 3~10 m,地下水埋深相对较浅,地下水水位主要受全年降水量影响,地下水位变化不大,全年水位变幅在 0.50 m 左右,属中等脆弱性,地下水开发利用程度高,影响地下水的可循环利用及城市的供给。

宽城县地下水总体脆弱性为中等,虽然对污染有一定的抵御能力,但由于其浅层地下水埋深浅、地下水开发利用程度较高,在地表各种污染物的长期延续性累积危害下,地下水容易遭受污染,在地下水开发利用过程中一定要重点保护。

8.3　浅层地下水功能区划分

8.3.1　划分情况

在已有地下水功能分区成果、区域浅层地下水污染脆弱性评价成果以及地下水开发利用现状调查评价成果的基础上,进一步完善浅层地下水功能区划分成果,并绘制浅层地下水功能区划图。

根据大纲要求,规划以水功能区为准,地下水一级功能区分为开发区和保护区,二级功能区又分为集中式供水水源区、分散式开发利用区及地下水水源涵养区,宽城县有地下水功能区,其中宽城县所在的地下水功能区有滦河及冀东沿海滦河中上游承德市集中式供水水源区、滦河及冀东沿海承德市长河地下水水源涵养区和滦河及冀东沿海滦河中上游承德山区地下水水源涵养区,具体情况见表8-1。

表8-1 宽城县地下水功能分区一览

序号	所在省级行政区	地级行政区	一级功能区	二级功能区	地下水二级功能区	
					名称	编码
1	河北	承德	开发区	集中式供水水源区	滦河及冀东沿海滦河中上游承德市集中式供水水源区	C011308001P01
2	河北	承德	保护区	地下水水源涵养区	滦河及冀东沿海滦河中上游承德山区地下水水源涵养区	C011308002T03
3	河北	承德	保护区	地下水水源涵养区	滦河及冀东沿海承德市长河地下水水源涵养区	C011308002T04

8.3.2 地下水水功能区基本情况

根据基础资料,确定各地下水功能区的地下水年均总补给量、年均地下水资源量和年均可开采量。将浅层地下水年均总补给量模数分区图和浅层地下水功能区分区图相互切割,量算切割后各区域的面积和总补给量模数;各功能区内被切割的面积乘以相应的总补给量模数,再求和,即得该地下水功能区近期地下水年均总补给量。年均地下水资源量和年均可开采量及地下水资源量确定方法与年均总补给量的确定方法相似。地下水资源评价类型一般分为山丘区、一般平原区、山间平原区、内陆盆地平原区和荒漠区。承德地区地下水资源评价类型为山丘区,地下水开采量较小,到2015年,宽城县浅层地下水开采面积为1 952 km²,地下水资源量为12 120万 m²,年均可开采总量为5 723.0万 m²。宽城县浅层地下水功能区水资源量及可开采量情况见表8-2。

表8-2 宽城县浅层地下水功能区水资源量及可开采量情况

地下水一级功能区名称	地下水二级功能区名称	地下水资源评价类型区	水资源一级区	水资源二级区	省级行政区	行政区	面积(km²)	地下水资源量(万 m³)	年均可开采量(万 m³)
开发区	滦河及冀东沿海滦河中上游承德市集中式供水水源区	山丘区	海河区	滦河及冀东沿海	河北	承德	271.7	1 026.2	487.6
保护区	滦河及冀东沿海滦河中上游承德山区地下水水源涵养区	山丘区	海河区	滦河及冀东沿海	河北	承德	760.1	6 049.0	2 688.2
	滦河及冀东沿海承德市长河地下水水源涵养区	山丘区	海河区	滦河及冀东沿海	河北	承德	950.2	5 044.9	2 547.2
合计							1 952	12 120	5 723.0

8.4　地下水各分区现状及保护目标

根据基础资料,评价各基本规划单元的地下水开发利用、水质和与地下水相关的生态与环境状况等,合理确定地下水规划分区保护目标。

8.4.1　浅层地下水功能区开发利用状况

宽城县 2015 年地下水资源实际总开采量为 2 529.0 万 m³,但其中宽城县地下水重点供水地区集中在宽城县县城及周边乡镇,宽城县保证了地下水开发利用的平衡,做到了开采量保持在地下水可承受范围内,地下水无超采情况。宽城县地下水超采情况详见表 8-3。

表 8-3　宽城县地下水超采情况

地下水一级功能区名称	地下水二级功能区名称	地下水未超采区			备注
		面积（km²）	2015 年实际开采量（万 m³）	开发利用潜力（万 m³）	
开发区	滦河及冀东沿海滦河中上游承德市集中式供水水源区	271.7	284.5	203.1	
保护区	滦河及冀东沿海滦河中上游承德山区地下水水源涵养区	760.1	835.9	1 852.3	
	滦河及冀东沿海承德市长河地下水水源涵养区	950.2	1 409.0	1 138.6	
合计		1 952	2 529.0	3 194.0	

8.4.2　地下水平均水位埋深

根据 2015 年地下水监测资料可知,宽城县浅层地下水明显受到大气降水、人工开采及蒸发等多种因素控制。在宽城县,对地下水动态变化起主导作用的因素是大气降水,年内主要变化是春季雨水少加之干旱,地下水位持续下降,到 7 月出现低水位,进入夏季后降水增多,地下水位迅速回升,到 8 月、9 月出现高水位,10 月以后水位变化比较稳定,到年底基本上恢复到年初水位,由于山区地形复杂,降水量分布不均,同一河流不同地质条件下地下水特征也不尽一致。

2015 年宽城县共有地下水观测站井 13 眼,根据观测资料统计,年内变化幅度为 0.05 ~ 1.51 m,年末水位与年初水位相比较,小于年初水位的 4 眼,大于或等于年初水位的 9 眼。观测井中有 7 眼井年平均水位比上年下降,下降幅度最大的是三异井观测井,下降 0.09 m。

根据观测资料,可得宽城地下水平均埋深为 2.9 m。

8.4.3　地下水水质和污染状况

宽城县设地下水水质监测井 3 眼,分别为宽城、药王庙和大屯。根据宽城县 2015 年地下水水质监测成果,地下水水质污染物主要为硝酸盐氮、溶解性总固体、总硬度等因子。

地下水污染主要分布在瀑河下游。

根据 2015 年宽城县地下水质监测井的全部监测成果进行的综合评价结果看,宽城监测井水质较差,药王庙和大屯监测井水质属于良好。

宽城县地下水水质受到不同程度的污染,其主要原因在于:总硬度过高是由宽城县的特殊地质结构、岩层结构及土壤本身所造成的;硝酸盐氮等物质含量过高,主要是由于农业生产过程中,对农药、化肥的不合理利用造成的,农药与化肥随着灌溉水及雨水的淋浴,渗透到了地下,另外工业用水及生活污水也可能导致地下水中硝酸盐氮等物质超标;矿山开矿及水源开采,大量地下水涌现,使矿物污染物进入地下水中,既造成地下水的浪费同时也污染地下水源。

8.4.4 浅层地下水功能区保护目标

在分析现状存在问题的基础上,因地制宜地确定浅层地下水功能区水量、水位控制目标和水质保护目标。宽城县地下水开采总量控制在 3 029 万 m³,至 2020 年控制在 2 326 万 m³;地下水控制水位埋深变幅在 2.0 m 以内;水质保护控制目标 Ⅱ 类。

8.5 地下水保护总体方案

8.5.1 地下水开采总量控制

根据地下水功能定位,以《全国水资源综合规划》确定的强化节水措施和生态环境保护措施条件下的水资源配置成果为基础,按照地下水保护与可持续利用的要求,统筹考虑、综合平衡各规划分区地下水可开采量和天然水质状况、区域经济社会发展对地下水开发与保护的需求、生态环境保护的要求等,以实现分区地下水采补平衡和可持续利用为目标,以地下水规划分区为控制单元,合理确定地下水开采控制总量控制方案。

宽城县应落实最严格的水资源管理规划,以其地下水可开采量为依据,其用水总量控制目标见表 8-4。

表 8-4　宽城县地下水需水量控制目标　　　　　　（单位:万 m³）

行政分区	2015 年	2020 年	2030 年
宽城县	4 070	5 249	8 287

为保证未来用水总量不超过规划控制总量,承德市规划实施地下水水量控制措施。

(1)在保证地表水充分合理利用的前提下,优先使用地表水来替代地下水的供水功能,从而达到减少地下水开采量的目的。

(2)对于那些工业生产所建的自备开采井,要进行封存和停用,从而减少地下水的开采量。

(3)那些重点利用地下水的地方,严格执行水资源管理制度,控制各地区的地下水资源开采量,将开采量限制在规划开采量范围以内,以保证承德地区地下水无超采现象的出现。

（4）控制地下水超采及推广节水农业。明确各地区地下水开采状况，合理分配地下水的利用。推广节水农业，大力鼓励农业生产的节水措施，提高地下水利用率。

8.5.2　地下水水质保护

结合目前各区域地下水的水质现状及其功能要求，宽城县以水质Ⅱ类为地下水水质保护的总体目标，规划实施地下水水质保护措施。

（1）建立完善超采地下水动态监测机制。按流域、地域观测分析典型地下水水位、水质的变动，为地下水的开发和利用提供依据。

（2）保护好地下水环境，防止有毒污水入渗污染地下水，规划布设地下水位、水质监测网。对地下水饮用水水源地和主要供水水源地要建立水源保护区，防止水源枯竭和水体污染。

（3）调整工业布局，综合治理工业"三废"，要把防治污染和综合利用废弃资源纳入企业改造和节能措施的规划中，应用新技术、新工艺，变废料为原料。

（4）加强防治农业对地下水的污染，提倡科学种田、适量和合理施用农药，控制污水灌溉。

（5）健全排污及污水处理系统，对有毒物质含量高的废水应分流排放，对现有企业的分散排污要集中处理，严禁采用渗井排放污水，加大污水处理厂的投入力度，扩大污水处理费用标准，提高城市污水处理能力。

8.5.3　地下水位控制

根据地下水的环境地质功能保护、地表生态保护和开发利用对地下水位控制的要求，制订地下水位控制总体方案。由于常年开采地下水，宽城县的地下水位呈现下降态势，应尽快制定宽城县地下水位控制措施，控制地下水位变幅。宽城县规划实施了以下措施。

（1）立足自身挖潜，缓解水资源紧缺局面。宽城县规划当地水资源规划开发，加大勘察力度，建立应急水源地，保持地下水位在一定的变幅内。

（2）充分利用宽城县地质环境，利用地表水资源补给地下水。

（3）调整宽城县工业结构布局，精良做到低耗水、高效益，达到不浪费水资源，加强城镇生活用水管理，节约使用地下水资源。

（4）继续严格执行用水总量控制和定额管理相结合的制度。

（5）加强地下水监测，及时了解地下水动态，以便较好地控制地下水位。

8.6　地下水超采治理与修复方案

8.6.1　方案目的

为治理地下水超采，修复地下水环境，需要在强化节水的前提下，合理配置各类水源，统筹考虑当地地表水、地下水、外调水和其他水源的利用，加强替代水源工程建设，将替代水源输送到需要压采的地下水用水户,减少地下水开采量,削减地下水超采量,使地下水含水层逐步达到采补平衡。

8.6.2　治理方法

在强化节水的条件下,需要利用可能取得的外调水、当地地表水、再生水等各种水源来替代超采区地下水,逐步实现地下水的采补平衡,实现地下水超采治理目标。

8.6.3　地下水开采

地下水开发利用保护的任务是,对地下水的开采量、开采方式、开采点分布、补给措施、水环境保护等做出安排,规划应遵循以下原则:

(1)充分利用地表水,合理开采与涵养地下水。地下水补给慢,不适宜大面积开采。

(2)应以开采浅层潜水为主,严格控制开采深层承压水。

(3)在有良好的含水层构造和有充分补给的条件下,可采用集中开采方式;在含水层分布广阔,但补给有限的条件下,宜采用分散开采的方式。

(4)应保证供需平衡,规划开采量不应大于可开采量,若过量开采,规划实施回灌等人工补给措施。

(5)应保护好地下水环境,防止有毒污水入渗污染地下水,应规划布设地下水位、水质监测网。

(6)加大节约用水力度,同时利用可能取用到的外调水,通过调水引水等工程措施来补充承德地下水用水量,从而避免地下水的超采。

宽城县规划地下水开采量根据大纲要求,按地下水功能区划分,各水平年规划地下水开采量以地下水功能区为准。

8.7　地下水资源保护方案

本着预防为主的原则,从生态水位控制、地下水污染防护分区、现有和新建集中式地下水饮用水水源地保护与管理等方面提出地下水资源保护方案。

8.7.1　区域地下水生态系统保护

宽城县划定地下水位控制红线,明确全县各管理分区、各地下水主采层的禁采水位埋深和限采水位埋深,对地下水实行用水总量与水位双控制。

通过前面对宽城县的平均地下水埋深及各地区的地下水开采量的统计与研究可知:宽城县地下水位较浅,开采量又大的情况,由于其水位较浅,补给慢,应严格控制地下水的开采量,同时多利用地表水补给地下水量,从而有效地维持地下水位的平衡与稳定。

对于那些重点利用地下水的地方,应严格执行水资源管理制度,严格控制各地区的地下水资源开采量,将开采量限制在规划开采量范围以内,以保证承德地区地下水无超采问题的出现。

8.7.2　区域地下水水质保护

对于宽城县地下水污染特别敏感区,地下水系统防污染性能差或较差,污染源多,地下水资源丰富,开发利用程度高,地下水极容易受到污染。地下水污染敏感区防污区有一定的自我防污调节能力,地下水系统防污染性能较差或中等,污染源分布较少,地下水点状污染,属供水量较少地区。地下水污染一般防护区及非防护区具有较强的污染物防护能力,防污性能良好,污染源分布较为稀疏;地下水基本未污染,是供水量小且分散分布的地区。

具体防护措施如下:

(1)要在地下水的污染源形成之前加以控制及削减,加强对此地可能污染源的辨析、污染程度以及范围的确定,进而去除或控制污染源。

(2)在污染源头上加以治理,同时明确此类地区地下水污染的途径与方式,包括污染物在地下水环境中的迁移与转化过程,以便阻止污染物的渗透。

(3)应做好地下水的水质监测工作,及时评价地下水的污染程度,按照地下水的污染程度制定措施来缓解此类地区的地下水污染问题。

8.7.3　集中式地下水饮用水水源地保护

8.7.3.1　城市地下供水水源地保护

宽城县城区供水共有大型集中式供水水源地 2 处,分别为宽城县自来水公司清河口水源地和药王庙备用水源地。

8.7.3.2　划定水源保护区范围

根据饮用水水源保护区划分原则,结合影响环境水力特性等相关因素,综合经验法与模型法的划分成果,划定宽城满族自治县饮用水水源保护区。保护区分为三级,即一级保护区、二级保护区和准保护区。

8.7.3.3　建立处理机制

宽城县集中水源地污染事件应纳入宽城县突发环境事件应急组织体系进行管理。水源地突发污染事件应急指挥办公室可设置在县环保局,另设置应急处置专家组,主要协管部门有:县水务局、县交通局、县消防支队、县公安局、县卫生局、县财政局和县宣传部门。

根据本区水源地的具体地理位置和上游环境状况,水源地所在乡镇要编制乡镇一级应急预案。宽城县应编制县级水源地污染突发事件应急预案,明确事故发生后应急工作的开展程序和相关部门职责;同时建设和保护备用水源地,使之做好随时待命的准备,真正建立起有效的饮用水水源地应急系统。

8.7.3.4　环境预警监控体系建设工程

预警监测体系工程建设是为了保证保护区管理机构能够实时监测、控制水源地的水质、水量,提高预警预报能力,适应饮用水水源地保护的管理需求。环境预警监控体系的建立主要包括监测网站的建立和监测能力的建设。

为增加对供水原水的安全性预警,提高监测数据的可靠性,平凉市环境监测站、河北省水环境监测中心平凉分中心、宽城满族自治县自来水公司可以对宽城满族自治县代表河段水质监测结果进行交换对照,增加不同实验室之间数据的可比性,发现明显差异数据应分析原因。上述监测单位如在监测过程中发现有超标数据,应及时向水源保护管理机构汇报,由水源保护管理机构根据具体情况决定是否启动应急方案。

8.7.3.5　环境管理能力建设工程

为保障调查报告实施效果,应制定饮用水水源地保护的监督管理能力建设方案,重点内容包括三个方面:保护区的基础设施建设、监督管理自身能力建设、环境监控信息系统建设。

1.基础设施建设工程

制订饮用水水源保护区的基础设施建设方案,针对目前保护区的界碑、界桩和宣传警示牌等不规范、老化和破坏情况进行调查更新,对原先尚未设置或根据现在情况需要设置的地方增加设置。将宽城县地下水饮用水水源地周边200 m范围作为地下水饮用水水源地保护区,在保护区建设物理隔离带如围墙、栅栏等,竖立标志牌,提醒周边居民并保护水源地防止其受到污染,同时建立一定的生物防护措施,加强植被建设,保证地下水与地表水之间的联系与循环;清除地下水源地周边的各类污染源,对于各种垃圾堆放地、生活污染排放区、违规建筑都予以治理搬除并加大监督力度,以防止此类污染源的再次出现污染地下水源;对集中式地下水饮用水水源地附近存在的排污口,严格对其治理并时时监测。

2.监督管理自身能力建设工程

(1)根据目前水源保护管理现状,涉及水源保护的行政部门较多,但基本没有一个常设机构对水源保护进行管理。建议由县政府牵头,从各个部门单位组织人员组成水源保护管理小组,成员可以由水务、环保、卫生、公安、市政园林、农林、规划、国土等部门兼职。

(2)由水源保护管理小组牵头,根据饮用水水源地的相关法规要求制定水源保护具体管理措施:

①环保局进行水源保护区的划分,在建设项目审批中严禁在一、二级保护区内新建或扩建项目,对准保护区内污染进行总量控制。对保护区内现有的污染源进行调查,严格按照水源保护相关法律、法规进行清理和治理。

②土地、规划部门应对水源地一、二级保护区内用地性质进行控制。一、二级保护区内土地用途仅限于水域、湿地、林地等,不得作为商业、住宅、工业用地规划。禁止在准保护区内毁林造田,对准保护区内农田进行总量控制。国土、水务部门严禁发放在一、二级保护区内的采矿许可证,限制在准保护区内采矿。

③水务部门在水功能规划时对水源地必须划为生活饮用水水源地功能,并严禁在一、二级保护区范围河道设置排污口。在保护区内建设工程时,应做好水土保护措施,严禁在保护区内从事网箱养殖,可以适当放养以蓝藻为食物的鱼类等。

④农林部门必须做好水源涵养林、库周湿地的保护工作,不得发放在一、二级保护区内的伐木许可证,禁止在一、二级保护区内从事规模化畜禽养殖。在保护区范围内推广科学使用农药、化肥技术,并负责对农民的培训工作。

⑤交通部门在道路规划中应严禁在一级保护区内新建道路,限制在二级保护区内新

建道路。公安部门应制订措施负责剧毒、危险化学品道路运输、使用、储存的安全管理。

⑥县旅游局制订措施对旅游活动产生的污染物排放行为进行管理。

⑦各水源地所在乡镇应做好当地已移民村庄移民返流控制工作,并动员尚未搬迁的零星住户搬离水源地保护区。各乡镇应联合公安、环保等有关部门组成水源地巡查小组,在夏季阻止到水源地来游泳或垂钓的人群,屡教不改者,要依法处理。

3.饮用水水源地环境监控信息系统建设工程

建设饮用水水源地监控信息系统,包括饮用水水源地数据库建设、数据采集和传输系统建设、数据管理系统建设及监控管理中心建设。

在水源保护管理小组成立的同时应建立水源地监控管理中心。管理中心主要对水源地的相关数据进行数据库建立和管理,所有水源地的监测单位在常规监测后,必须把数据及时传送到监控中心,包括水质数据和污染源数据。水库管理机构的监督管理表也应每月报送监控中心,由中心负责建立数据库。中心取得数据后应定期在公共媒体上发布水源地水质信息和管理情况,接受广大群众的监督。

8.8　地下水保护工程措施

8.8.1　地下水治理工程

宽城县以各规划分区为基本单元,根据超采区的种类和保护目标要求,提出地下水超采治理的具体工程措施,主要包括治理地下水超采的替代水源工程、开采井封填工程和人工回灌工程等。

8.8.1.1　替代水源工程

利用当地地表水替代地下水水源,宽城县当地地表水利用工程总投资 190 676 万元,具体工程及投资情况见表 8-5。

表 8-5　宽城县当地地表水利用工程

行政区	工程项目	工程投资(万元)
宽城县	城区水源建设水厂迁址	9 370
	双洞子水库工程	20 066
	河西水电站梯级开发建设项目	6 000
	大石柱子乡水电电气化项目	2 310
	老亮子水库	120 000
	椅子全水库	16 500
	"引青入园"调水工程	8 550
	引滦济长调水工程	6 600
	椅子圈小(1)型水库	1 280
合计		190 676

宽城县再生水利用工程主要体现在工业园区及污水处理厂的中水回用工程,规划总投资 23 580 万元,具体实施工程情况见表 8-6。

表 8-6 宽城县再生水利用工程

行政区	工程名称	实施水平年	项目投资(万元)
宽城县	宽城县再生水利用工程	2020	6 500
	宽城县板城镇再生水利用工程	2030	5 890
	宽城县龙须门工业园区再生水利用工程	2030	5 420
	宽城县峪耳崖镇再生水利用工程	2030	5 770
合计			23 580

再生水利用工程保证污水达标排放再利用,减少污水对环境的污染,改善宽城县及周边的生态环境,为城市及周边地区的经济发展奠定了基础。宽城县 2020 年再生水利用工程总投资 6 500 万元,2030 年投资 17 080 万元。

8.8.1.2 开采井封填工程

在具备替代水源条件及替代水源工程建成通水的前提下,对纳入压采范围的地下水开采井,科学规划其封填工作,保证替代水源工程发挥预期效果。对成井条件差的井永久封填;对成井条件好的井封存备用起来,2015 年 1 月起实施城镇自备井封存工程,并建立封存备用井的登记、建档、管理、维护和监督制度,按照规定程序启用,发挥应急供水作用。

8.8.2 地下水水质保护工程

根据承德地区不同规划水平年各规划分区水质保护目标,结合当地水文地质条件和地下水补给特点,立足于地下水污染预防,承德市实施地下水水质保护措施。

(1)设置围栏,组成物理防护;种植防护林,加强植被建设,保证地下水与地表水之间的联系与循环。

(2)同时建立污染物隔离带,必要的情况下组织居民搬迁,做好宣传警示工作。

(3)通过生态防护缓解地下水水源地水质状况,建立生态护坡、采用人工介质富集微生物、建立水生植物型人工湿地来改善水质状况。

(4)控制点源污染,治理工业、生活污染物的排放与堆积,对其实行关停或改造;对于那些可能影响地下水水质的畜禽养殖企业,要实施有效的治理,或关停或规模化治理改造。

(5)减轻面源污染,加强水质的监测力度,对于农业污染实施有效措施,加强流域面监测与治理。

宽城县实施地下水水质保护工程总面积约 3.99 km^2,隔离工程围栏长度 18.21 km,总投资 91.061 万元。水质防护工程 7 处,总投资 10 500 万元;其中 2020 年规划水质防护工程投资 3 000 万元,2030 年规划水质防护工程投资 7 500 万元,详情见表 8-7。

表 8-7　宽城县地下水集中式供水水源地保护工程及投资

地下水二级功能区名称	地下水资源评价类型区	所在区域	水平年	地下水集中式供水水源地保护区			水质防护工程			总投资（万元）
		水资源二级区		面积（km²）	围栏长度（km）	投资（万元）	处数	建设内容	投资（万元）	
滦河及冀东沿海滦河中上游承德市集中式供水水源区	山丘区	滦河及冀东沿海	2020	1.57	6.28	31.40	2	种植防护林、建立污染物隔离带、组织居民搬迁、做好宣传警示工作	3 000	3 031.40
滦河及冀东沿海滦河中上游承德市集中式供水水源区	山丘区	滦河及冀东沿海	2030	2.42	11.93	59.66	5	种植防护林、建立污染物隔离带、组织居民搬迁、做好宣传警示工作	7 500	7 559.66

8.9　地下水保护非工程措施

　　全面开展地下水监测,适时开展精度较高的地下水水文地质勘探和地下水资源评价,做好全县地下水污染防治规划编制工作。开源节流,多渠道开辟并建设地表水水源工程,替代现有集中开采地下水的水源;在自来水管网覆盖的区域,一律不再审批新取用地下水的取水许可;组织开展地下水超采区、限采区划定等工作;调整地下水水资源费标准;继续加强对地下水的监测;完善地下水开发利用保护规划。既要避免地下水资源的枯竭而产生地质环境问题,也要防止工业废水、生活污水对地下水的污染。要加大地下水污染的惩戒力度,严格其法律责任。改善农村环境状况,引导农民科学使用化肥、农药,减少村办企业废水、村民生活污水对地下水的污染。到 2020 年要实现合理开发利用地下水,基本达到采补平衡。超采区的地下水开采得到有效控制,全面遏制地下水位下降趋势,不再发生新的环境地质灾害,明显改善生态环境,地下水污染区的水质状况均得到改善,地下水基本达到Ⅲ类水质标准。

　　(1)加强整体规划,统一部署打井开采方案,做到有序开采。

　　(2)加强雨水及废水资源化应用研究,淡水水资源应优先解决农村人畜饮用水和城镇生活供水。

　　(3)应立即停止建设和扩建污染严重的工业项目。已建成大、中型工矿企业的污水处理厂要保证常年运行,使废污水达标排放。

第9章　地下水资源管理和保障

9.1　地下水资源管理

宽城县水资源紧缺,只有对水资源进行有效管理,使水资源合理、高效、持续利用,才能保障全县经济社会的持续健康发展。

9.1.1　建立和完善水资源统一管理的政策体系

贯彻落实《水法》,必须建立起以水行政主管部门为主的统管机构,实现水务一体化管理,由水行政主管部门负责水资源统一管理和监督工作。要根据《水法》规定和建立节水防污管理制度的要求,认真梳理现有的水政策,制定和出台关于水资源节约、保护和管理的地方政策,同时完善水政监察机制,强化执法手段,为管理制度建设提供政策支撑和保障。

9.1.2　建立总量和效率控制与定额管理相结合的管理制度

研究制定全县用水总量控制指标和用水效率控制指标,根据区域水资源和水环境保护规划,提出各乡(镇、工业园区)、各行业、各企业及各灌区的用水总量、用水效率、纳污能力、地下水开采控制指标。

建立以用水和纳污总量控制与定额管理相结合的管理制度。建立和完善取水许可、排污许可制度,根据用水和排污总量控制指标及用水定额分配初始水权与排污权,发放取水许可证及排污许可证。

9.1.3　加强取水和排污监管

根据取水和排污的总量控制要求和各单位取水、排污许可量,加强对取水口和入河排污口的监督管理,严格控制取水量和废污水排放量,严禁在水源地保护区内布置排污口。对现有各河段的超标超量排污口,要制订达标计划削减排污量,对不能做到达标排放的企业,有关部门要核减其取水量,直至责令停产整顿或关闭企业。公路桥梁、建筑物必须符合水源地保护规划。

9.1.4　建立水权转让和水市场机制

节水和水资源优化配置是实现水资源高效利用、解决水资源短缺的根本措施,水权转让和水市场的建设是促进节水和水资源优化配置的有效途径。通过市场作用,可使水资源从低效益的用户转向高效益的用户,从而提高水资源的利用效率,消除地区及行业间分配水量的不合理性。通过水权有偿转让的原则和市场交易机制,可为县内各行业创造节水激励机制,促进节水型社会的建设。水行政主管部门应尽快确定各乡(镇)、各行业、各部门的用水分配初始水权,制定水权交易规则,建立健全水市场机制。

9.2　地下水资源保障

9.2.1　制度保障

建立安全可靠的水资源供给体系,强化政府对水利的社会管理和公共服务职能;建立城乡水务一体化体系,依法治水,加强水资源、水安全、水环境和涉水事务的管理,规范社会各类水事行为;加快水文、水利信息化、自动化建设,全面提升水利管理的现代化水平。建立健全用水总量、效率控制和用水定额管理制度。一是确定流域和行政区域用水总量及效率控制指标,制订乡(镇、工业园区)所在地的河流水量分配方案,明确各乡(镇、工业园区)和重点工业区的用水总量控制指标。二是确订年度水量分配方案,根据水量分配方案和水资源实际情况,制订动态年度用水计划。三是在开展水平衡测试和分析现状用水水平的基础上,结合节水型社会建设的发展要求,科学制定各行业用水定额,由县政府颁布实施。四是全面进行计划用水,按照统筹协调、综合平衡、留有余地的原则,由水行政主管部门向用水户下达用水计划,保障合理用水,抑制不合理需求。各乡(镇、工业园区)要进一步认真贯彻落实取水许可制度及建设项目水资源论证制度,严格取水审批程序,防止掠夺性开发水资源的现象。切实加大执法巡查力度,不断规范水资源管理秩序。积极开展水资源保护规划分析,为加强水资源管理提供科学依据。

9.2.2　体制保障

水资源管理在体制上应当统筹考虑水资源的开发、利用、治理、配置、节约、保护和管理,对城乡水资源实行统一规划和统一管理,严格实行统一的取水许可制度,统一管理水量和水质,统一调配地表、地下水资源。拟定和落实从水源、供水、排水到污水处理回用的水资源开发、利用、节约和保护政策。各乡(镇、工业园区)应成立相应的管理机构,强化节约用水监督管理职能,对城镇防洪、蓄水、供水、用水、节水、排水、水资源保护、污水处理及回用、地下水回灌等实行一体化管理,为水资源的合理配置和高效利用提供体制保障。

9.2.3　机制保障

重点是建立健全节水减排机制、水资源循环利用机制和水价形成机制。具体是:在节水减排机制建立上,一是健全水功能区管理制度。根据水资源保护目标,核定水域纳污总量,制订分阶段控制方案,依法提出限排意见。划定地下水功能区,制订地下水保护规划,全面完成地下水超采区的划定工作,完善监督管理制度,通过节水和合理配置水资源逐步压缩地下水超采量。逐步科学划定和调整饮用水水源保护区,切实加强饮用水水源地保护。二是完善入河排污口的监督管理。加强排污口的监督管理。新建、改建、扩建入河排污口要进行严格论证,坚决取缔饮用水水源保护区内的直接排污口。

水资源循环利用机制的建立,一是加快城市污水处理回用设施建设力度,提高城市中水利用率和水资源的利用效率;二是推广新技术、新工艺,提高工业用水的重复利用率和工业污水处理回用率,减少工业生产的用水需求;三是加大雨水集蓄利用,增加水资源的可开采量。

在完善水价形成机制上,一是按照成本补偿、合理收益、优质优价、公平负担的原则,以节水和合理配置水资源、提高用水效率、促进水资源的可持续利用为核心,充分体现本县水资源紧缺状况,使水价能够全面反映水资源保护、开发利用成本,补偿污水处理的合理成本。按照河南省通过的水资源费征收标准,足额开征水资源费。二是实行差别水价,实行生产用水超额超计累进加价,适当拉开高用水行业和其他行业的用水差价。三是促进水价改革,提高水费征收率。合理确定水利工程水价,充分发挥价格杠杆在水资源配置和节约中的作用。

9.2.4　政策保障

为实现水资源的可持续利用,支持经济社会的可持续发展,必须加大水资源安全的政策保障措施,加强对水利工作的领导,一方面宽城县各级党委、政府要把水利工作列入重要议事日程,从政策、资金上给予大力支持;另一方面需要上级业务部门在项目、资金安排上鼎力扶持,从发展思路上、从技术上给予更多的指导;充分利用各种形式,大力宣传节水方针、政策和各种水法规,加大水行政执法力度,规范各种水事行为,维护正常的水事秩序。具体涵盖以下几个方面:一是要严格建设项目水资源论证制度,规范论证程序,提高论证水平,严格推行取水许可制度;二是要按照各乡(镇、工业园区)的水资源管理现状,推行有利于节水和水资源合理配置的政策,健全有利于节约用水的价格、税收等政策体系;三是鼓励使用高效节水设备,政府优先采购节水设备和产品;四是大力推进节水型社会建设,用制度和法规来保障水资源的可持续利用;五是加快淘汰落后的用水工艺和设备;六是建立节水科技支撑体系。

9.2.5　法规保障

进一步建立健全水资源管理的有关配套制度,加大依法治水、依法管水力度,完善水资源配套法规。严格节水管理。强化水资源执法监督管理,加大处罚力度。严格高用水行业准入标准,进一步落实节水规范和技术标准,完善水资源的监测评价体系。做好区域水资源规划工作,增强用水的计划性及合理性。

9.2.6　管理能力保障

充分落实政府各部门及水行政主管部门对水资源利用的管理职能。确定水资源安全利用的管理任务,履行政府各级部门及水行政主管部门的职责,切实提高政府对涉水事务的社会管理水平,规范水事行为。不断加强水资源保护,治理水污染,保护水环境,维持水生态平衡。对各乡(镇、工业园区)所在流域水量统一调度,合理安排经济建设与生态用水;划分水功能区,严格控制纳污总量,实施排污许可制度;改进水环境监测手段,建立水质、水量相结合的水资源实时监测系统、决策支持系统和管理控制系统,加强水环境和水资源管理保障能力建设。

第 10 章 水资源保护监测

目前,宽城县的水质、水量监测站点设置存在缺、漏、少现象,无法满足中远期规划发展要求,在县界出入境监测断面设置数目严重不足,现有的一些监测站点也不能很好地反映水功能区的水质现状,同时宽城县没有水生态监测站点,综合考虑以上因素,本次规划将对以上各处站点加密布设,以便更加有效地对各水功能区水质状况进行监测,提高水环境监测系统应对突发事件快速反应能力和自测报能力;同时,完善现有水资源保护监测系统和能力建设,并加强监控管理系统建设。

10.1 水资源保护监测系统和能力建设方案

10.1.1 监测系统建设

规划在宽城县设置一个分中心,并投资 459 万元用以完善地表水、地下水及水生态监测站点、新建水质自动站和新建生态水量站站网的布设,站点设置及投资情况详见表 10-1。

表 10-1 宽城县水资源保护监测站点及建设投资

水资源三级区	实验室/分中心名称	管理部门	监测站点													站点合计	投资(万元)
			地表水水质(个)					水生态(个)				地下水(个)					
						其中					其中新建生态水量站				其中新建水质水位共用站		
			已建	调整	新建	新建水质自动站	新建非自动站	已建	调整	新建		已建	调整	新建			
滦河山区	宽城分中心	承德分中心	8	7	10	13	4			10	5	7		32		67	459

10.1.1.1 水功能区水质监测

根据对水功能区水质评价所需水质监测数据的需要,本次规划宽城县共布设地表水水质监测站点 4 处。

全县 4 处地表水监测站点中有 1 处为现有调整监测站点、3 处为新增监测站点(其中 2020 增加 2 处,2030 年增加 1 处)。

新增站点主要布设在没有监测站点或监测能力不足的保留区或缓冲区、出入县境控制断面及规划水平年涉及的地表水应急备用水源地和地表水调水工程上,以便能全面掌据各水功能区的水质状况。详情见表 10-2～表 10-4。

表 10-2　宽城县地表水站网规划调整的水质监测站

河流	水功能区	站点名称	类型
瀑河	瀑河河北承德饮用水水源区	宽城	调整
宽城县合计		1 处	

表 10-3　宽城县地表水站网规划 2020 年新建的水质监测站

河流	水功能区	站点名称	类型	实施水平年
瀑河	瀑河河北承德开发利用区	老亮子	新建	2020
瀑河	瀑河河北承德、唐山缓冲区	大桑园	新建	2020
宽城县合计		2 处		

表 10-4　宽城县地表水站网规划 2030 年新建的水质监测站

河流	水功能区	站点名称	类型	实施水平年
长河	长河河北承德、唐山保留区	碾子峪	新建	2030
宽城县合计		1 处		

10.1.1.2　入河排污口监测

为了更好地保障水功能区水质安全,本次规划根据入河排污口综合整治规划,污染严重的口门将全部整治,就近并入县污水处理厂管网。因此,本次规划布设 1 处监测站点,即宽城县污水处理厂排污口。详情见表 10-5。

表 10-5　宽城县入河排污口监测站点规划

行政区	入河排污口名称	监测断面	数量(处)
宽城县	宽城县污水处理厂	宽城县污水处理厂排污口	1
宽城县合计		1 处	

10.1.1.3　饮用水水源地监测

2030 年在 3 处地表水应急备用水源地设立 3 处地表水水源地监测站点。3 处均为集供水、灌溉、防洪、发电为一体的水利枢纽工程,以此解决水资源分配不均的问题,促进水资源利用、经济发展与生态保护协调发展。详情见表 10-6。

表 10-6　宽城县地表饮用水水源地监测站点规划

水源地名称	水源地类型	供水城市	实施水平年	河流	监测站
宽城县三旗杆水库	地表水	宽城县	2030	青龙河	大石柱子
宽城县双洞子水电站	地表水	宽城县	2030	瀑河	老亮子
宽城县尖宝山水库	地表水	宽城县	2030	清水河	塌山

10.1.1.4　水生态监测

宽城县目前没有水生态监测站点,本次规划在瀑河上布设生态流量、水生生物及重要生境监测站点 1 处。详情见表 10-7。

表 10-7　宽城县水生态流量、水生生物及重要生境监测站点规划

河流	水功能区	监测站名
瀑河	瀑河河北承德饮用水源区	宽城
宽城县合计		1 处

10.1.1.5　建立完善地下水监控体系

本次规划对宽城县城市公共供水水源井、企事业单位自备井、农村集中供水水源井均要实行在线计量;规模以上农业灌溉机电井实行一井一表,逐步实现全市所有规模以上的机电井实行全覆盖式计量,建立地下水位和水质动态监测网、地下水开采计量体系和地下水监控管理平台。全市规划共投资 25.6 亿元建设浅层地下水监测井 13.822 万眼,开采后同时进行水位水质观测。所开采的地下水监测井均为水位水质共用井,开采需投资 9.6 亿元,监测需投资 16.0 亿元。2020 年建设浅层地下水监测井 6.548 万眼,总投资 10.3 亿元,深层承压水监测井 10 眼,总投资 0.45 亿元;2030 年全市共建设浅层地下水监测井 7.274 万眼,总投资 15.3 亿元。其中,开采需投资 6.0 亿元,监测需投资 9.3 亿元。

10.1.2　监测能力建设

10.1.2.1　实验室及仪器设备建设

根据《水环境监测规范》(SL 219—2013)的要求,为满足水资源保护监测、水污染事件应急机动监测、水生态监测的需要,本次规划按就近原则在宽城县规划投资 1 049.7 万元(2020 年投资 506 万元),新建监测中心,配置一定规模的移动实验室,在重要站点设立水质自动监测站,以提高水环境信息资料的收集、拓宽服务领域以及满足应急机动监测需要。

投资 180 万元新增实验室面积 400 m²,按标准配备实验室仪器设备。投资 210 万元建设 1 个移动实验室,并配备应急移动监测仪器设备和监测车辆,以全面提高水污染的预警及快速反应能力。

10.1.2.2　加强人员队伍建设

1.引进高层次水利人才

畅通高层次紧缺人才引进渠道。引进高层次人才、具有本科及以上学历的紧缺水利专业人才。通过公开招聘补充急需的水利专业人才并对符合一定条件且具有水利工程高级工程师职称或硕士研究生以上学历的水利高层次人才,可采取简化招聘程序,打破专业技术职务结构比例控制的方式予以聘用。

2.加大人才培养力度

以创新能力建设为核心,以重点水利建设项目为依托,进一步加大水利人才的培养选拔工作。根据基层水利单位人才需求情况,研究制订基层水利人才定向培养计划,"订单式"培养水利毕业生。引导高校毕业生到基层水利单位服务工作。

支持和鼓励水利职工参加学历教育。鼓励、支持和组织系统内职工参加各级各类学历教育,采取委托培养、联合办班、设立教学点等方式,组织职工参加水利等专业学历(包

括已有非水利专业学历的进修水利专业)教育,使水利单位职工学历层次有较大幅度提升。大力开展基层水利管理人员和乡(镇)水利员水利实用技术培训,提高基层水利管理和服务水平。

以水利技术人员为重点,在水利规划设计、水利建设管理、水资源管理、工程管理、农村水利、水土保持、防汛抗旱、机电排灌、水利信息化、现代管理等领域,开展以新理论、新知识、新技术、新方法为主要内容的知识更新教育。完善水利专业技术人员继续教育制度,多渠道、多形式、多层次开展水利专业技术人员教育培训。

10.2 水资源保护监控管理系统建设

为了做好宽城县水资源保护和管理工作,加强宽城县区域内的水资源、水环境信息共享交换能力,最大程度地发挥信息资源的使用范围,需建立全县范围内共享交换机制和水环境信息交换平台,实现宽城县各流域水量、水质、污染源等水环境信息的共享,使县政府能够实时掌握全县范围重要水体质的水环境状况,为宽城县水资源管理与保护预警提供及时高效的信息和技术服务。

10.2.1 加强监控信息管理建设

宽城县在 2020 年和 2030 年要逐步完成水质、水量、水生态监控信息管理系统,重点加快建立重要饮用水水源地安全信息系统的管理,实现实时监测水源地的水质、水量等安全信息,提高风险预警预报能力。在宽城县建立 1 个移动实验室,规划投资 120 万元,建设 1 个监管中心及管理系统,以便能够随时进行现场监测,也能很好地应对突发水污染事件。

10.2.2 完善水生生态监测指标体系

为监控宽城县主要河流、水库的水生态安全状况,提高水生态安全风险预警预报能力,在省界断面、饮用水水源区、主要河流水库上建设水生态安全监控管理系统,实施动态监控和管理。通过监测、分析、评价重要水域生态基流、生态水位和生态需水量,按照水资源开发利用控制指标和河流健康生态需水要求及保障措施,制订主要控制断面生态用水水量水质监测方案,推进流域水生态文明建设。

项目设置需考虑必要和可行性,为掌握水生态变化的规律,水生态监测与生态调查要结合,监测项目应该包括以下几个方面:

(1)水文要素监测。包括水位、流量、蓄水量、土壤含水量、地下水埋深、河流泥沙运动等。

(2)水质要素和水环境要素监测。包括总硬度、硫酸盐、亚硝酸盐、汞、氯化物、氨氮、COD 等及影响生物生态活动的碳、氢、氧、氮、磷、铁、铜、锰等。

(3)气象因子监测。包括降水、蒸发、温度、湿度、气压、风向、风速及日照等。

(4)水生生物监测。包括浮游植物(藻类)、浮游和底栖动物、藻毒素等。

(5)水源情况和河流流量变化及生态需水量等调查。

（6）湖泊（水库）、湿地面积变化，河道几何形状变化，工程调节等水利工程建设等调查。

（7）农药、病虫害、水土流失、化肥量、土壤、污染源等环境相关因素调查。

（8）村庄、人口、土地、GDP、资产等经济发展和人类活动影响相关因素调查等。

承德市水生态监测系统根据区域特性，建立空间水、地表水、地下水相协调的综合生态监测预报体系，以水生态监测站为平台，开展生态调查监测。监测数据传输可采用GPRS 无线通信网络及手机短信息技术、CDMA 数据网络等，现场巡测采集的监测数据CDMA 数据网络传至系统，实时或定时快速传递水文信息，从而寻求解决水生态问题的方法和手段。

第11章 保护实施意见与效果分析

11.1 水资源保护研究项目汇总

结合宽城县的水资源保护现状和不同时期经济社会发展水平,按照有利保护、突出重点、统筹兼顾、便于实施的原则,采用常规假设的原理,运用类比方法,参照各种工程指标,对本次宽城县水资源保护规划的工程与非工程措施及投资情况进行了匡算。

宽城县本次共规划入河排污口布局与整治、内源治理与面源控制、水生态保护与修复、地下水资源保护、饮用水水源地保护、水资源保护监测能力建设、水资源保护综合管理七个大类,共46项工程。规划2020年投资151 653.740万元,2030年投资335 015.724万元,总投资486 719.464万元。具体工程项目类型及各水平年规划投资情况见表11-1。

表11-1 宽城县水资源保护工程项目汇总

序号	项目名称	项目类型	2020年投资	2030年投资	投资总计（万元）
1	排污口跨区迁建	入河排污口设置布局与整治	0	5 485	5 485
2	排污口原区整治	入河排污口设置布局与整治	20	1 487.5	1 507.5
合计			20	6 972.5	6 992.5
1	污水处理厂建设改造	内源治理污染工程	11 800	14 600	26 400
2	河道清淤清障、护岸、护滩及控导等	内源治理污染工程	14 800	11 230	26 030
3	固体废弃物处理	面源污染控制工程	3 554	0	3 554
4	生活污染控制	面源污染控制工程	0	363.35	363.35
5	禽畜养殖污染控制	面源污染控制工程	0	300	300
6	农业污染控制	面源污染控制工程	3 030	0	3 030
7	综合治理工程	面源污染控制工程	23 120	73 610	96 730
合计			56 304	100 103.35	156 407.35
1	骨干河道整治工程	水源涵养、河湖湿地及重要水域保护与修复	2 180	0	2 180
2	水源涵养林草与封育修复	水源涵养、河湖湿地及重要水域保护与修复	0	21 000	21 000

续表 11-1

序号	项目名称	项目类型	2020 年投资	2030 年投资	投资总计（万元）
3	农村水环境治理工程	水源涵养、河湖湿地及重要水域保护与修复	3 400	0	3 400
4	河湖湿地及岸边保护与修复、隔离防护与封育修复	水源涵养、河湖湿地及重要水域保护与修复	0	11 300	11 300
5	自然保护区保护工程	重要水生生物生境保护与修复	4 499	6 240	10 739
6	洄游通道保护工程	重要水生生物生境保护与修复	5 302	0	5 302
合计			15 381	38 540	53 921
1	调蓄工程	当地地表利用工程	29 446	146 330	175 776
2	水厂建设工程	当地地表利用工程	9 370	0	9 370
3	其他工程	当地地表利用工程	8 310	0	8 310
4	中水回用工程	再生水利用工程	6 500	17 080	23 580
5	永久填埋井	封填浅层地下水开采井工程	8	15.3	23.3
6	封存备用井	封填浅层地下水开采井工程	64.5	153	217.5
7	水源地保护区围护工程	地下水集中式供水水源地保护工程	31.4	59.66	91.06
8	水质防护工程	地下水集中式供水水源地保护工程	3 000	7 500	10 500
合计			56 729.9	171 137.96	227 867.86
1	物理隔离防护工程	集中式供水水源地保护措施	31.4	59.66	91.06
2	生物隔离防护工程	集中式供水水源地保护措施	157	241.78	398.78
3	宣传警示工程	集中式供水水源地保护措施	5.6	14	19.6
4	人口搬迁	集中式供水水源地保护措施	1 020	2 560	3 580
5	畜禽养殖控制	集中式供水水源地保护措施	1 390	4 461	5 851
6	入河排污口整治	集中式供水水源地保护措施	7 700	0	7 700
7	小流域综合治理	集中式供水水源地保护措施	0	145	145
8	农业污染防治综合治理工程	集中式供水水源地保护措施	0	220.4	220.4
9	水土保持	集中式供水水源地保护措施	0	0	0
10	农村生活污染控制	集中式供水水源地保护措施	145.34	0	145.34
11	内源污染治理工程	集中式供水水源地保护措施	0	1 127.574	1 127.574
12	人工湿地建设（如橡胶坝）	集中式供水水源地保护措施	0	798	798

序号	项目名称	项目类型	2020年投资	2030年投资	投资总计（万元）
13	水源地生态修复工程	集中式供水水源地保护措施	628	967	1 595
14	湖库生物净化工程	集中式供水水源地保护措施	0	0	0
15	工业、生活污染源综合治理工程	饮用水水源保护区点污染源的综合整治	2 280	0	2 280
16	入河排污口关闭工程	饮用水水源保护区点污染源的综合整治	3 830	0	3 830
17	搬迁人口	饮用水水源保护区点污染源的综合整治	900	0	900
18	集中式禽畜养殖控制	饮用水水源保护区点污染源的综合整治	0	0	0
合计			18 087.34	10 594.414	28 681.754
1	新建水资源监测站点	水资源保护监测能力建设	0	0	1.75
2	固定实验室	水资源保护监测能力建设	0	0	21
3	移动实验室	水资源保护监测能力建设	0	0	14
4	监管中心及管理系统	水资源保护监测能力建设	0	0	13.25
5	地下水开采井	地下水监测规划	1 783	3 015.5	4 798.5
6	地下水监测井	地下水监测规划	3 348.5	4 652	8 000.5
合计			5 131.5	7 667.5	12 849
宽城县项目工程总计			151 653.740	335 015.724	486 719.464

宽城县投资 451 089 万元，见表 11-2。

表 11-2　宽城县其余各类工程项目投资情况

行政区	内源治理面源整治工程	水生态系统保护与修复工程	地下水资源保护工程	饮用水水源地保护工程
宽城县	149 160	48 400	224 847	28 682

11.2　投资需求

建立"政府引导，地方为主，市场运作，社会参与"的多元化筹资机制。根据治理事权划分和地区经济发展水平，宽城县水资源保护综合治理项目投资以国家投入为主，地方投入为辅，充分调动全社会对水环境治理投入的积极性，拓宽融资渠道，建立政府、企业、社会多元化投入机制，切实落实方案项目建设资金。国家根据建设项目的性质和类别给予大力支持。中央补助资金原则上在现有投资渠道中解决，政府投资重点支持环境改善效益明显和需要政府扶持、引导为主的项目。

11.3　实施效果分析

本次保护研究充分考虑汛期和非汛期河道生态基流,提出了较为合理的水量保障规划方案,为防止河道断流、避免河流水生生物群落遭受到无法恢复的破坏奠定了基础,满足了重要水生生境(产卵场、栖息地、越冬场、洄游通道等)用水要求,河流生境得到全面恢复,生物多样性得到全面实现,河流景观环境良好,全区河流达到健康状态。

通过入河排污口整治、污水处理厂升级改造、农业产业结构调整、畜禽养殖清洁、河网整治及生态修复,提升生态系统对污染物的吸收分解净化能力,提高了区域水环境容量(纳污能力),基本消除污染源。

实施后,2020 年,饮用水水源地水质达标率 100%,城镇人口供水安全保障率 100%,河流水功能区主要污染物控制指标 COD 和 NH_3—N 达标率 100%,地下水水功能区水质达标率 100%;2030 年,饮用水水源地水质达标率 100%,河流水功能区水质达标率为 100%,城镇人口供水安全保障率 100%。

实施后,水资源保护监测站网已经建立,水资源信息平台建立并实施动态监控和管理,水资源监控体系基本建成,满足现代条件下水资源保护的需要。

在各项治理措施完成后,全市范围内点源、面源、内源得到充分治理,促进节水减污,饮用水安全得到保障,城镇治污基础设施得到完善,农业生产条件得到明显改善,农林牧水协调发展,有利于推进社会主义新农村建设加快产业优化升级,当地水资源得到很好的保护与合理利用,进而极大地促进了当地宏观经济布局和产业结构的整合优化,有利于支撑经济社会可持续发展和维护城乡社会稳定,促进社会和谐发展。

第 12 章　保护规划实施保障措施

12.1　组织保障

本规划项目涉及多个部门,为确保项目实施,建议成立以县领导为组长和各乡(镇)政府主要领导参加的领导小组。其办事机构(宽城县水资源保护规划管理办公室)设县水务局。领导小组的职责是:组织编制水资源保护规划实施方案,协调解决规划实施重大问题;负责检查和监督规划实施方案的执行情况,指导、约束与规划实施有关各县(区)部门的落实情况。把规划确定的水资源保护的控制性指标及主要任务纳入当地社会经济发展规划和政府重要议事日程。实行各级首长负责制和目标责任制,确保规划项目顺利实施。

建立必要的法制保障体系,继续贯彻执行现有法律法规,同时按照相关法律法规建设规划,积极开展法规建设规划,切实建立起与未来水资源管理相适应的法律保障体系。

12.2　资金保障

解决水资源保护投入严重不足的问题是治理水污染隐患的"治本之道",各级政府要加大水资源保护的投入。计划、财政部门要加强水资源保护项目建设的协调,加大项目建设资金的筹措。进一步深化投资体制改革,抓紧研究制定水资源保护工程分级管理办法,逐步建立各级管理新机制。工程设施建设要广开资金筹集渠道,鼓励社会办水利,有条件的要积极利用贷款和外资,充分调动各方面的积极性。完善现有各级地方政府水资源保护工程项目的资金投入机制;倡导建立水资源保护工程国家财政预算专项投入机制;优化制定各级政府财政和货币政策,引导金融机构和社会资金投资水资源保护领域,拓宽水资源保护工程项目的融资渠道,保障资金来源通畅。努力增加金融支持,各金融机构要努力增加水利信贷投放,支持水资源保护工程建设;各级政府对相应工程项目信贷资金给予贴息,贴息率(国务院有明确规定的项目除外)原则上不高于3%。对项目建设期小于3年(含3年)的,按项目建设期进行贴息;对项目建设期大于3年的,按不超过5年进行贴息;属于购置的,按2年进行贴息。

吸引社会资本进入,为提高社会资金投资水资源保护工程的积极性,对保护水资源的投资者,各级政府按照"一事一议"的原则,通过"以奖代补"、"先干后补"等方式予以奖补;根据"优先使用地表水、控制使用地下水"的原则,鼓励高用水企业独立或联合修建蓄水、引调水工程,享受以上优惠政策。对引进市外资金进行水利项目投资的引荐人,各级政府按《承德市招商引资和外经贸目标考核奖励办法》(承市政办字〔2012〕12号)给予奖励。

按照《河北省水利建设基金筹集和使用管理实施细则》和《河北省水利项目建设资金

筹集管理办法》,在足额提取车辆通行费、城市基础设施配套费、征地管理费的基础上,落实"从征收的城市维护建设税中划出不少于百分之十五的资金,用于城市防洪和水资源配置工程建设"政策。

河道工程修建维护管理费、水资源管理费、河道采砂管理费、水土保持补偿费等水利行政事业性收费中的市、县留成部分,用于水利工程运行维护和水资源管理。以上资金由市、县财政部门全额拨付同级水务部门管理使用。

12.3　监督考核

实行市政府与各县(区)政府及相关单位签订《水资源保护规划目标责任书》,认真督导、严格考核,建立行政一把手担任"河长"制度,"河长"们负责本辖区重点流域水污染防治,一面开展截污,一面开展清沟清渠,生态修复,美化城镇河流。全市实行月通报、季调度、年考核制度,对未完成水质改善目标的,取消年终评优资格,并严格区域禁限批。

12.4　技术保障

当前,县区域社会经济快速发展,持续而剧烈的人类活动对河湖生态系统的健康和安全造成了严重的影响。为了揭示不同区域的生态环境问题及其形成机制,需尽快开展滦河、北三河及辽河流域污染物限排分解与控制、河湖健康保障、重要生态环境保护与修复、水资源保护规划等关键技术专项研究,为水资源保护科学管理提供技术支撑。

增加科技投入,强化人才培养,加强新技术开发与应用研究,逐步提高防污治污规划设计、建设、管理及决策的科技水平。在水库建设、河道整治及水污染防治、水土保持和水资源监测等新技术应用方面上新台阶、新水平。要积极探索和建立科学的管理体系,增加管理科技含量,加强基础数据和基础资料采集,建立科学的专家决策系统,充分发挥科学技术在水资源保护与管理上发挥作用。

12.5　协作机制

市、县区两级相关部门要在水资源保护规划领导小组的组织和指导下,明确职责、细化分工、密切配合、协调联动,合力推动多部门联合的水资源保护管理模式;切实解决流域和区域的水源地安全、水资源保护与水污染防治等问题,实现水资源可持续利用与经济社会的可持续发展。

12.6　社会参与

充分发挥报纸、电台、电视台等新闻媒体的作用,安排重要版面、黄金时段、开辟专栏专版,采取专题专访等多种形式,做好水资源保护宣传教育,鼓励公众参与,强化社会监督,使水资源得到全社会全方位的保护。

第13章 地下水开发利用保护研究结论和建议

13.1 结 论

宽城县境内河流主要有滦河干流、瀑河、长河、青龙河等。

13.1.1 宽城县地下水资源量

13.1.1.1 降水量和蒸发量

宽城县多年平均年降水总量为 12.179 2 亿 m^3,折合降水深 623.9 mm,20%、50%、75%和95%频率降水量分别为 747.9 mm、607.1 mm、510.2 mm、403.8 mm。宽城县多年平均水面蒸发量为 939.8 mm,各分区中,位于区域西北端的清河最大,为 982.7 mm;最南端的牛心河最小,为 921.3 mm。全县多年平均干旱指数为 1.51。

13.1.1.2 地下水资源量

宽城县多年平均地下水资源量为 12 120 万 m^3,占河天然年径流量的 72.1%;20%、50%、75%和95%频率地下水资源量分别为 14 822 万 m^3、10 900 万 m^3、8 433 万 m^3、6 714 万 m^3。

13.1.1.3 地下水资源可开采量

宽城县多年平均地下水资源可开采量为 8 484 万 m^3,75%频率地下水可开采量为 5 931 万 m^3,95%频率地下水可开采量为 4 700 万 m^3。

13.1.1.4 地下水资源开发利用率

宽城县 2015 年降水量频率为 58.3%,属于平水偏枯年份,地下水资源量为 12 120 万 m^3,地下水用水量为 2 529 万 m^3,净消耗量为 1 808 万 m^3,净消耗量占地下水资源总量的比例为 14.9%,地下水资源开发利用率为 20.9%。

13.1.2 宽城县地下水水质状况

13.1.2.1 主要河流代表河长水质类别

宽城县内的主要河流水质较好,宽城县瀑河地下水水质较差,药王庙站和长河大屯站水质良好。

13.1.2.2 主要河流水化学特征

宽城县地下水水化学类型主要为 C(Ca,Ⅲ) 型。

13.1.2.3 城市供水水源地水质评价

宽城县自来水公司药王庙备用水源地距离药王庙水质监测站较近,按照《地下水质量标准》进行综合评价,结果表明,水源地综合评价水质良好(Ⅲ类)。

13.1.3　地下水供水量和用水量

宽城县地下水工程现状供水能力为 2 797 万 m³,供水量为 2 529 万 m³。其中生活用水量为 897 万 m³,占地下水总用水量的 35.5%;第一产业用水量为 360 万 m³,占地下水总用水量的 14.2%;第二、三产业用水量为 1 272 万 m³,占总用水量的 50.3%。

13.1.4　社会经济发展预测

宽城县现状城镇人口为 5.357 万人,经预测,2020 年为 6.698 5 万人,2030 年达到 10.359 0 万人;现状农村人口 20.493 0 万人,经预测,2020 年为 20.237 6 万人,随着城镇化率的升高,2030 年降至 19.395 2 万人。

现状宽城县 GDP 为 197 亿元,人均 GDP 为 7.6 万元,经预测:2020 年 GDP 为 320 亿元,较 2015 年年均增加 12.5%,人均 GDP 为 11.88 万元;2030 年 GDP 为 110 亿元,较 2020 年年均增加 24.4%,人均 GDP 为 36.97 万元。

预测宽城县菜田将逐年增加,由 2015 年的 3.62 万亩增加到 2020 年的 4.527 万亩、2030 年的 7.00 万亩;宽城县不适合发展水田,未来水平年将不再考虑水田灌溉面积;水浇地维持现状 3.00 万亩不变。

13.1.5　需水量预测

根据当地经济社会发展需水预测成果分析,宽城县现状年总需水量为 8 522.0 万 m³,2020 年全县总需水量为 9 843 万 m³,较 2015 年年均增加 19.7%;2030 年全县总需水量为 14 590 万 m³,较 2020 年年均增加 4.8%。宽城县现状年总需地下水量为 4 070 万 m³,2020 年全县总需地下水量为 5 249 万 m³,2030 年全县总需地下水量为 8 287 万 m³。体现了未来水平年宽城县经济的发展以及节水工业的显著成效。

13.1.6　地下水供需分析预测

2020 年全县地下水总需水量为 5 249.4 万 m³,20% 频率可开采量为 10 375 万 m³,缺水量为 0;50% 频率可开采量为 7 630 万 m³,缺水量为 0;75% 频率可开采量为 5 931 万 m³,缺水量为 0;95% 频率可开采量为 4 700 万 m³,缺水量为 550 万 m³,缺水率为 11.7%。

2030 年全县地下水需水量为 8 287.2 万 m³,20% 频率可开采量为 10 375 万 m³,缺水量为 0;50% 频率可开采量为 7 630 万 m³,缺水量为 657 万 m³;75% 频率可开采量为 5 931 万 m³,缺水量为 2 356 万 m³,缺水率为 39.7%;95% 频率可开采量为 4 700 万 m³,缺水量为 3 587 万 m³,缺水率为 76.3%。

13.2　建　议

13.2.1　建立合理的水资源开发利用体系和模式

以全县现有水资源可利用量为基础,针对不同区域的水问题与特点,根据水资源保护规划,以推荐的水资源配置方案为基础,因地制宜地构建区域水资源调配体系与配置格局。通过水资源调配体系的供水和用水节点与分区系统的有机组合,实现丰枯互济,量质互补,增强对水资源时空分布不均的调控能力,逐步建成体系完善、调配灵活、运行高效、与经济社会发展相适应、与生态环境保护相协调的水资源安全供给保障体系。

提高全县用水效率和效益,制定切实可行的渠系改造、田间工程、喷微灌、工业上用水重复利用率、处理回用率、工艺改进、生活节水器具的普及、节水意识提高等一系列考核指标,进行社会公示,促进用水方式的转变;要积极调整用水结构,有重点分阶段提高第二、三产业用水的配置能力,为水资源的需求和供给向城镇居民生活和用水效益较好的企业、第二、三产业转移创造条件,确保和控制农业用水,积极推进农业产业化和节水型农业,提高低耗水高收益作物种植面积和灌溉保证率。建设能适应城镇生活、工业企业用水,第二、三产业发展和种养业产业化发展,需要较高的供水保证率,实现全年连续性供水的水资源配置格局,促进全县经济结构的合理调整,促进水资源配置向高效产业转移。

13.2.2 建立和完善全过程和全面的用水管理制度

根据各乡(镇)的水资源开发利用现状,各行业的性质和要求,合理确定各种用水标准,确定水资源的宏观控制指标和微观定额指标,明确各乡(镇)、各行业、各部门乃至各单位的用水指标,确定产品生产或服务的科学用水定额,规定社会每一项工作或产品的具体用水量指标,通过控制用水指标实现节水。制定用水总量控制与定额指标,并采取行政与经济手段,保证指标的落实。建立水资源取、供、用、排、回用全过程的用水管理制度体系。

13.2.3 建立健全科学的水价制度和水资源有偿使用制度

按照补偿成本、合理收益、优质优价、公平负担的原则,制定水利工程供水价格和城市用水价格。建立合理的调价机制,使水价反映用水的价值和供求关系。

实行用水定额管理、超定额累进加价制度。要合理确定用水定额、基价和水价级差,在定额以内,水价要考虑居民的承受能力。生活用水、工农业生产用水,根据用水定额和用水计划,实行定额基价、超定额累进加价,以促进节约用水。

在水源丰枯变化较大、用水矛盾突出的乡(镇),实行丰枯水价,引导用水户避开用水高峰期,激励合理用水,缓解供需矛盾。合理确定和调整回用水价格,促进中水回用和再生水利用。

对新建、扩建、改建项目,必须制订节水方案,配套建设节水设施和投入相应的节水投资。节水设施应当与主体工程同时设计、同时施工、同时投产。要按照《水法》规定,制定出台全县的水资源费征收管理办法,健全水资源有偿使用制度。

13.2.4 全面建设节水防污型社会

建设节水防污型社会是全县水资源可持续利用的根本出路,为此节水型社会建设应当以提高水资源利用效率为目标,以水资源管理为主要内容,将现代水权和水价理论同区域实践相结合,在积极培育和强化公众节水意识的基础上,建立总量控制与定额管理相结合的水资源管理体制和合理的水价形成机制,形成政府调控、市场引导、公众参与的节水型社会运行机制。通过产业结构调整、经济手段调控、加强需水管理和推广新技术新工艺等措施,建设包括农业、工业、服务业和生活节水在内的节水型社会,不断提高区域水资源和水环境承载力,以水资源优化配置满足经济社会发展的水资源需求,以水资源可持续利用保障经济社会的可持续发展。

13.2.5　加快水资源配置保障工程建设

水资源配置工程体系建设,将通过改变水资源的空间分布,改善流域缺水局面,实现水资源的优化配置,全县目前水资源配置能力较低,必须加快可靠的水资源调配工程体系建设,构成区域与流域、上游与下游、左岸与右岸的配置途径。

由此同时,节水和防治污染紧密联系,防污和治污可以增大可用水量,保障用水安全,在加强水资源配置保障工程建设的同时,要加强城市污水集中处理回用体系建设,建设中水回用系统,进一步升级和完善城市给水排水管网,减少输水损耗,加大污水集中处理工程建设力度,提高污水处理能力和中水的利用率,当前首要任务是完成乡镇的污水处理设施建设,提高城市生活污水处理率,主要工业废水达标排放,同时对经济条件较好的乡(镇),兴建生活污水与工业废水集中处理工程,并做到达标排放。